U0155908

魔法器物，据说为伊丽莎白一世（1533—1603）的顾问、英国学者约翰·迪（John Dee，1527—1608/1609）所有。版权所有：伦敦大英博物馆

罗马人在建造奥格斯堡，摘自西吉斯蒙德·梅斯特林的《奥格斯堡纪事》，1522年版。图片来源：因特福托/阿拉米图片库有限公司

《阿尔诺芬尼夫妇像》，扬·凡·艾克作品，创作于1434年，现收藏于伦敦国家美术馆

青铜雕像，14世纪末（15世纪初）荷兰南部的作品。摄影：阿托科洛罗/阿拉米公司

德国或西班牙宝石、珊瑚、珍珠、黄金和银镀金吊坠，约为1500年左右的作品。现收藏于纽约大都会艺术博物馆。阿拉斯泰尔·布拉德利·马丁于1951年惠赠，收藏号：51.125.6

油画《根特祭坛画——全能的上帝》，扬·凡·艾克创作于1425—1429年，3.7米×5.2米。现收藏于根特圣巴沃大教堂。图片来源：维基百科/约克项目

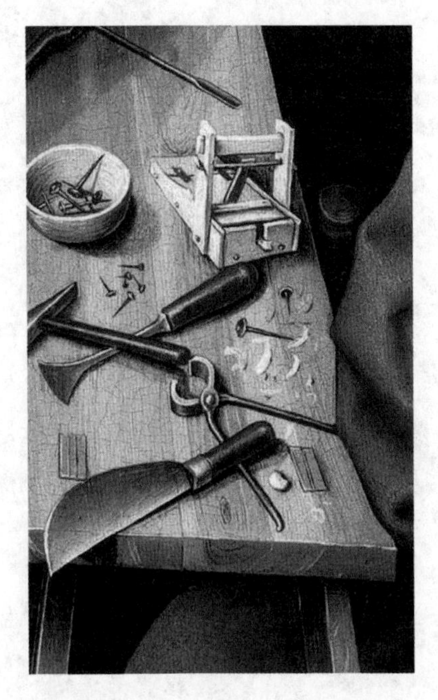

《麦洛德祭坛画》(细节图)，罗伯特·坎平创作于1425—1428年，现收藏于纽约大都会艺术博物馆

《乔治·吉斯泽肖像》(Portrait of Georg Gisze)，小汉斯·荷尔拜因(Hans Holbein the Younger)创作于1532年，现收藏于柏林书廊。摄影：维基共享/斯蒂芬妮·巴克

中世纪的药房/香料店，医生和药剂师。摘自马西利乌斯·菲西努斯于佛罗伦萨创作的《生命之书》(1508)

佚名，摘自《法兰西大编年史：查理五世卷》。1378年，查理五世为查理六世及其长子瓦茨拉夫（1370—1379）举办宴会（裁剪版）。版权所有：法国国家图书馆

“永远的奥古斯都”（1640年以前），帕萨迪纳诺顿西蒙艺术基金会

列奥纳多·达·芬奇在米兰圣玛丽亚感恩教堂创作的《最后的晚餐》（1495—1498）。图片来源：维基共享资源/艺术史研究图片库

《巴尔迪祭坛》，桑德罗·波提切利作品，1484年开始创作，现收藏于柏林国家博物馆。图片来源：维基共享资源、谷歌艺术计划

《宝座上的圣母子》，乔托作品（1305—1310），现收藏于意大利佛罗伦萨乌菲齐美术馆。图片来源：维基共享资源、谷歌艺术计划

《西斯廷圣母》，又名《圣母、圣婴、西克斯图斯和芭芭拉》，拉斐尔于1512年创作，现收藏于德累斯顿历代大师画廊

《摩西井》，克劳斯·斯吕特创作，现位于第戎附近的尚莫尔加尔都西会修道院

《与贝尔纳迪诺·坎皮的自画像》，索弗尼斯瓦·安古索拉创作于约1559年，现藏于锡耶纳国家画廊

菲利普二世的建筑师胡安·巴蒂斯塔·托莱多和胡安·德·埃雷拉设计的埃斯科里亚尔修道院，位于西班牙马德里。图片来源：汉斯·皮特·谢弗

英格兰诺丁汉的沃拉顿大厅（左图），罗伯特·斯迈森设计建造（1580—1588），摄影：迈克尔·J.沃特斯；教堂正面的科林斯柱式设计（右图），摘自汉斯·弗里德曼·德·弗里斯的《建筑学》（安特卫普，1577），版权所有：洛杉矶盖蒂研究所

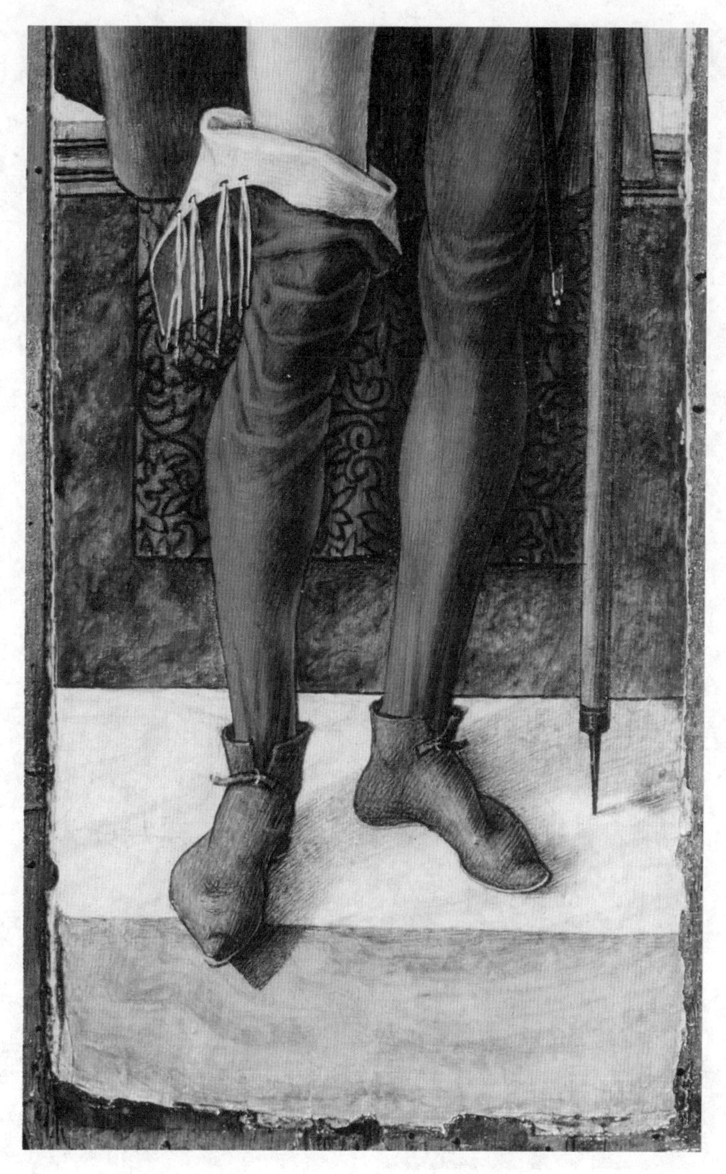

卡罗·克里韦利于1480年左右创作的《圣洛克》(*Saint Roch*)。版权所有：伦敦华莱士收藏馆

《带手帕的佛罗伦萨女士》，摘自保罗·凡·戴尔的专辑，1578年。版权所有：牛津大学波德林图书馆

《贵妇画像》，罗吉尔·凡·德·韦登工作室创作于1460年左右，版权所有：伦敦国家美术馆/纽约艺术资源联盟

《糖果与陶器的静物画》(*Still Life with Sweets and Pottery*),胡安·凡·德·哈曼·伊·莱昂于1627年左右创作。版权所有:华盛顿特区国家美术馆

弗兰格尔施兰克橱柜,出自一位“带有家族标记的匿名大师”之手,制作于1566年。现收藏于德国明斯特市的北莱茵-威斯特法伦州艺术与文化博物馆

弗兰格尔施兰克橱柜的外门细节图。现收藏于德国明斯特市的北莱茵－威斯特法伦州艺术与文化博物馆

1617年，老勃鲁盖尔与鲁本斯共同创作的《视觉的寓言》局部。现收藏于马德里普拉多博物馆

汉斯·申克创作的《蒂德曼·吉泽的肖像》，1480—1550年创作。博德博物馆雕塑收藏（自格鲁内瓦尔德城堡的普鲁士宫殿和花园基金会永久性借出）。版权所有：柏林文化遗产基金会雕塑收藏

南德（疑为奥格斯堡）大师的“珍奇柜”。版权所有：科隆应用艺术博物馆

透过器物看历史

[英]丹・希克斯 [英]威廉・怀特◎主编 [英]詹姆斯・西蒙德◎编
曲义 张志玲◎译

中国画报出版社・北京

图书在版编目（CIP）数据

透过器物看历史. 3, 文艺复兴时期 / (英) 丹・希克斯, (英) 威廉・怀特主编 ; (英) 詹姆斯・西蒙德编 ; 曲义, 张志玲译. -- 北京 : 中国画报出版社, 2024.8

书名原文: A Cultural History of Objects in the Renaissance

ISBN 978-7-5146-2339-0

Ⅰ. ①透… Ⅱ. ①丹… ②威… ③詹… ④曲… ⑤张… Ⅲ. ①日用品—历史—欧洲—中世纪 Ⅳ. ①TS976.8

中国国家版本馆CIP数据核字(2023)第230164号

透过器物看历史　3　文艺复兴时期
[英]丹・希克斯　[英]威廉・怀特　主编
[英]詹姆斯・西蒙德　编　　曲义　张志玲　译

出 版 人：方允仲
项目统筹：许晓善
责任编辑：程新蕾
审　　校：崔学森
装帧设计：同鸣设计
内文排版：郭廷欢
责任印制：焦　洋

出版发行：中国画报出版社
地　　址：中国北京市海淀区车公庄西路33号　邮编：100048
发 行 部：010-88417418　010-68414683（传真）
总编室兼传真：010-88417359　版权部：010-88417359

开　　本：16开（710mm×1000mm）
印　　张：20
字　　数：210千字
版　　次：2024年8月第1版　2024年8月第1次印刷
印　　刷：三河市金兆印刷装订有限公司
书　　号：ISBN 978-7-5146-2339-0
定　　价：438.00元（全六册）

目录 Contents

导言

詹姆斯·西蒙德

美国民俗学家亨利·格拉西（Henry Glassie）曾在《物质文化》一书中评论说，“历史之所以‘果敢’，是因为历史学家无所畏惧，他们无视多数真相，只顾精心编排部分史实，以便有效讨论人类社会整体状况”。为了构建他们的叙事体系，历史学家会刻意选取一些极具偶然性、任意性的“神话资源”来论证时代的变迁与更迭，并通过切割时间线，将那些呈必然趋势走向的事件联系到一起。将历史“周期化”无疑是一种非常奏效的话术手段，它能够帮助我们将过往的独立信息加以联系，整合成火车车厢一样的单元区块。然而，这种“概念化历史”的操作属实纰漏百出，极易陷入“轨道思维”，从而误导人们将某一时代看作特定知识、人、事物的“容器”。“事后分析”切割法[1]使得研究特定历史时期的学者们将自己置于孤立而

1　一种逻辑谬误，这种分析法仅仅因为一件事情发生在另一件事情之前，就想当然地认为前者是后者的原因。—— 译者注

安全的边缘，从而对那个时代的“前生后世”视而不见。

那么，我们该如何定义“文艺复兴”这一耳熟能详的时期？德国艺术史学家欧文·潘诺夫斯基（Erwin Panofsky）从两方面对其进行了解读：一是“古典文化在古典传统彻底或近乎彻底崩溃后的重生”；二是广义上的“艺术、文学、哲学、科学和社会成就，在经历了一段衰朽和停滞之后的普遍繁荣”；更深入人心的第三种解读则认为，文艺复兴是欧洲历史上一段跨越彼特拉克（Petrarch）[1]和笛卡尔（Descartes，1596—1650）生活年代的时期；第四种解读由艺术史学家恩斯特·贡布里希（Ernst Gombrich）提出，他认为“文艺复兴”应被视为“一场文化运动”，而不是“一个历史时期”。

欧洲文艺复兴时期的绘画、雕塑、建筑和文学等“人类行为成果”或“文化产品”在当代世界举足轻重。这些物品承载的物质性持续且有力地证明了文化创造力的蓬勃生机。如果我们有幸复见这些创作背后的思想和动机，就有可能一窥当时新兴的“自我意识”和对“自我”的独特信念。诚如所见，这一时期人文主义思想对“个人主义”的促生，是建立在人们“对事物的迷恋”和对获取与拥有财产的兴趣基础之上。之后，人们对事物的强烈迷恋情结逐渐延伸到了自然世界，艺术家们于是开始尝试模仿和改进古工匠的作品，新的艺术表现手法由此诞生。无独有偶，而今透过现代主义棱镜来重读这段似曾相识的发展历程，我们似乎看到了包括资本主义、消费主义和诸多西方世界赖以立足的普世价值观的起源。

1　弗兰齐斯科·彼特拉克，意大利学者、诗人，文艺复兴第一个人文主义者，被誉为“文艺复兴之父”。——译者注

人们对古人言行的痴迷孕育了文艺复兴早期的文学和考古学雏形。15世纪早期，教皇职员博吉奥·布拉乔利尼（Poggio Bracciolini）在修道院图书馆里搜寻到了可能揭示罗马历史地形的古典作品手稿，而随后围绕古文献开展的系统研究开创了“新历史化文献学”或“唯物主义词源学”的先河。1417年，这位职员偶然在德国富尔达修道院发现了罗马诗人卢克莱修（Lucretius）的《事物的本质》（*On the Nature of Things*），该书将宇宙描述为不断运动的、类似原子的“粒子”集合体，并重申了伊壁鸠鲁的希腊哲学信条，即人类可以在没有神的干预下自由行动。这一发现无疑掀起了一股崭新的人文主义思潮[1]。

15世纪20年代，来自意大利亚得里亚海安科纳港的商人西利亚库斯（Cyriacus）[2]开始尝试为他游历地中海期间收集的古碑文配上素描。与此同时，昔日散落在罗马野外空地上的巨型古代雕塑残余重回大众视野。此后不久，人们不断发掘出一些更为完整的雕塑，1506年出土的《拉奥孔》（*Laocoön*）就位列其中，该作品很快被教皇尤利乌斯二世收藏，并安放在梵蒂冈的观景宫内，这一举动也大大激发了人们收集和展览古典器物的欲望。

17世纪早期，这种对人类死亡的迷恋以及与逝者交流的渴望已经开始向北蔓延，并以“鬼神、骷髅、掘尸”等意象渗透到了名家作品中，如斯宾塞的《仙后》（*Faerie Queene*）、莎

1 格林布拉特认为，布拉乔利尼对卢克莱修《事物的本质》一书的叙述过于简单。更不妥的是，他采用了布克哈特路线，将文艺复兴时期对古代知识的重新发现与现代性起源联系起来，从而忽视了伊斯兰教和西方其他中世纪哲学家的原子论理论。—— 原书注

2 西利亚库斯，意大利人文主义者和古物学家，来自亚得里亚海港口安科纳的一个知名商户，有“考古学之父”的称号。—— 译者注

士比亚的《罗密欧与朱丽叶》（*Romeo and Juliet*）和《哈姆雷特》（*Hamlet*）、约翰·多恩的超自然诗歌，以及托马斯·布朗的《瓮葬》（*Hydriotaphia/Urne-Buriall*）。如果要在文艺复兴时期的器物、诗歌和哲学中找寻两个核心主题，那便是对人类个体经验和对“被困在不可阻挡的时间进程中的人类命运”的关注。

本书是布鲁姆斯伯出版公司发行的《透过器物看历史》六册系列作品之一。在整套书中，文艺复兴时期的藏品可以追溯到1400年至1600年，而本卷内容在时间上介于另外两卷，即中世纪（500—1400）和启蒙时代（1600—1760）之间。一直以来，将文艺复兴时期看作中世纪和早期现代之间的观点只是一家之言，且越来越缺乏学术基础。本书认为，那些过去曾主导人们认识和塑造文艺复兴时期相关事件的主流叙事体系，确有值得商榷之处。

首先，文艺复兴是一种文化与历史建构，因此，“文艺复兴时期的器物”当属回顾性类别。如此，新的问题接踵而来，“文艺复兴”这个被人们随意使用的名词既不能赋予它所修饰的“器物”任何同质性，也无法证明与其有时空上的同步性。彼时，欧洲的文艺复兴就像炙热而狂野的烈火，堪称流动的景观。在这一文化运动的推动下，思想与器物随着贵族联姻、商业网络和艺术品委托形式得以传播并连通。然而，纵观14世纪 至17世纪出自欧洲大陆的器物，我们不难发现，因出自不同匠人之手，且制作时间、地点、类型不同，特定材质文物在持久性的表现上千差万别。在下文我们将看到，为了解决这个问题，艺术和文化历史学家试图将文艺复兴解释为一个“盛产混合艺术形式的跨文化交流活动”。

第二个问题关乎对艺术、建筑、器物、文学和音乐所处年代的分类方法。随着不同学科相继发展了独特的时间解读框架，这个问题变得愈加复杂。历史这座大厦本就不乏明窗，人们可以透过不同窗口欣赏到文艺复兴时期多姿多彩的城镇居民生活。例如，艺术史家倾向于认为，文艺复兴始于13世纪的意大利，以乔托（Giotto）[1]的画作为标志，并在16世纪晚期达到巅峰，代表人物是米开朗基罗（Michelangelo）和列奥纳多·达·芬奇（Leonardo da Vinci）。而文学家们坚持说，英国的文艺复兴发生在16世纪与17世纪，标志性成就是莎士比亚、米尔顿和斯宾塞的诗歌与戏剧作品。与此同时，经济学家和社会学家把14—16世纪归为早期现代的开端。当然，考古学家也有一套独立的时间术语体系，他们对这段时间的界定取决于自己身处何地，受何教育——接受英国传统考古学训练的专家会把这个时间段称为“后中世纪”（1485—1750），而因循北美考古传统的学者则将这段考古研究范围定义为“后哥伦布时代”。[2]

值得注意的是，“文艺复兴”一词从未在考古类刊物的标题中出现，究其原因，部分可能是因为文艺复兴的相关研究领域通常涉及高端物质文化，这些博物馆、画廊和私人收藏家高度珍视的成果鲜见于常规考古科研。考古学家对该词的规避也可能源于某种思想倾向，作为一种艺术历史建构，文艺复兴远不能吸引考古人的热情，

1 乔托·迪·邦多纳（1267—1337），意大利画家、建筑师，意大利文艺复兴的开创者，被誉为“欧洲绘画之父”。—— 译者注

2 20世纪末，视中世纪和现代世界为两个独立时期的考古学家们引入了“过渡期”的概念，指代1400年至1600年的欧洲考古，从而取代了先前的时间划分标准。—— 原书注

相比较而言，他们更热衷于跟那些世俗的、“沾着泥土的物质文化”打交道。

将文艺复兴视为“16—17世纪的意大利都市现象”的观点，很长一段时间成为文艺复兴研究界挥之不去的阴影。这种精细的，更准确地说是“狭隘”的周期划分法，在一定程度上满足了人们“为艺术史建造宏伟大厦”的需求。但稍加端详，其弊端便一览无余。首先，“意大利文艺复兴”的概念混淆了时间和地点，因为意大利的统一是在所谓的“文艺复兴”结束几个世纪后的19世纪开始的，直到1871年才完成。

认为文艺复兴是“现代性摇篮”的说法也易引发“目的论”[1]上的争议。随着中世纪的消亡和世俗现代性的崛起，许多关于文艺复兴的论述，开始显现出黑格尔的历史哲学观和他关于“人类精神进步”的学说。这一现象无非是借助后见之明，将现代个人主义的萌生视作意大利文艺复兴对古文化发掘的必然反应。19世纪的这种推理方式或许可以理解为对社会进化与人类进步的无缝阐释。但若以最坏的恶意揣度，也可以将其看作是为了凸显西方的文化优越和政治霸权而炮制的所谓“必胜主义”论调。

专家学者在“文艺复兴”内涵的阐释上历来争议不断，有时不免让人产生怀疑，该词是否“气数已尽”，抑或没有太多的学术效用。但我坚持认为，人们关于“文艺复兴”的所有想象绝不会凭空

1 目的论，一种唯心主义哲学学说，认为自然界的一切事物都有其存在的目的。神学唯心主义把上帝说成是宇宙万物的最高指导，认为世界是上帝创造的，万物是由上帝安排的，因此自然界的一切都是合乎目的的。——译者注

消失，毕竟，它与我们现代社会充满活力的物质文化一脉相承。倘若我们改变切入点，不再固守“本质论”，那么问题可能迎刃而解。20多年前，历史学家彼得·伯克（Peter Burke）就向前跨越了一大步，大胆采用了贡里布希的理论，认为文艺复兴是一场文化运动。如此一来，伯克就可以解释得通欧洲文艺复兴所呈现出的整体性特征，并可以在之前的著述中得到佐证，从而完美诠释各派叙述体系中微妙的时空差异。

伯克为文艺复兴运动定义了三个阶段：一是从14世纪早期持续到15世纪晚期的意大利早期文艺复兴，在这期间，古代作品碎片被重新发现；二是文艺复兴的鼎盛时期，约发生在1490年至1530年，彼时，这些碎片被重新整合，意大利艺术家和学者由此开始模仿并超越古人，其他国家的同行也争相与意大利人一比高下；第三阶段是1530年至1630年，这一百年见证了文艺复兴运动最后的辉煌和黯淡，这一时期虽然在某些方面呈现出回归古典的特征，但也是古典和意大利风格开始风靡全球的重要节点，随着文艺复兴思想走进异国他乡的日常生活并为之所用，文化适应与文化杂交之风悄然盛行。

起源于14世纪意大利北部城邦的新式行为和思想，直到15世纪晚期才开始在欧洲各地传播开来。然而，正如伯克所言，这一进程极为缓慢，直到16世纪和17世纪早期，才盛行海外。人们当时发明了各种隐喻来描述文艺复兴运动的传播，譬如，将其比作一种冲击或渗透、一种传染、一种商业主导的思想借鉴。其中最常见的，是将其视为一种开渠引水式的渗透与吸收过程。

抛开这些隐喻不谈，伯克非常清楚，古典思想和风格在意大利域外的传播是“欧洲各国进行文化交流的集体行为”，其接受过程也并非简单的扩散或复制，而是经历了一个积极的“同化”和“转化”的过程。在对文艺复兴时期的器物进行深入调研之前，我们不妨先简要了解一下与文艺复兴相关的历史，以便更深刻地理解文艺复兴思想如何被接受和解读，从而更全面地了解这场文化浪潮中丰富多彩的器物世界。

书写文艺复兴：历史、神话与傲慢

一个半世纪以来，欧洲文艺复兴不断被贴金，甚至神化。当然，如果你认为这是现代人的杰作或只是历史学家所为，那就大错特错了。实际上，历史学家只不过是后生晚辈，自16世纪以来，大批艺术家、作家、赞助商和鉴赏家才是这一进程的真正推手。若再往前追溯，早在14世纪，北部的意大利学者就已感知到他们正生活在一个文化校准和变革的年代，于是有人用“更新”（renovatio）这个词来形容他们对古代文学和艺术产生的高涨热情。也有人相对悲观，把这一时期看作无尽的至暗时刻，用以区别他们心中辉煌的“中世纪”。

16世纪中期，托斯卡纳艺术家乔治·瓦萨里（Giorgio Basari）在他的两卷本《艺苑名人传》（*Lives of the Artists*, 1550）中使用“重生”（rinascità）一词来指代这种文化荧光。瓦萨里的《艺苑名人传》一书记录了从13世纪晚期到16世纪中期将近两个半世纪的意大利艺术成果，充分展示了一代代意大利艺术家［从契马布埃（cimabue）、乔托到列奥纳多·达·芬奇和米开朗基罗］如何成功复兴古典艺术传统，以抗衡于12世纪中期在法国北部发展，并蔓延到整个欧洲的哥特艺术和建筑。瓦萨里对研究和模仿自然兴趣浓厚，并声称，同时代的米开朗基罗作品极富创意，技艺远超古代画家和雕塑家。对瓦萨里来说，“重生”是一个新起点，意大利的艺术家不仅仅在单纯地模仿古代艺术，他们在定义和物化自然与人的创作道路上，已经取得了开拓性成果。

儒勒·米什莱（Jules Michelet）[1]在《法兰西历史》（*Histoire de France*，1855）中使用法语单词“复兴”（Renaissance）来指代16世纪的历史发展。在第七卷《文艺复兴》一书中，作者将16世纪哥伦布新大陆之行与伽利略的观测天文学形成期间定义为“艺术探新和科学进步”的时代。米什莱是一位狂热的共和主义者和民族主义者，他认为，法国在技术、艺术和文学方面的成就终结了中世纪的暴政，并激发了复兴和文化进步的泛欧洲精神。诚然，所有历史著作都是时代产物，米什莱的《法兰西历史》也不例外。现在看来，一切不言自明，面对法国大革命成果的日益萎缩和1848年革命的失败，米什莱一直苦苦追寻一个仍然崇尚自由与平等的伟大时代。

1860年，瑞士历史学家雅各布·布克哈特（Jacob Burchhardt）在《意大利文艺复兴时期的文化》（*The Civilization of the Renaissance in Italy*）一书中使用了“文艺复兴”一词。布克哈特的文章描述了14、15世纪意大利国家的文化史，并成为很多问世于20世纪文艺复兴研究成果的基础文献。值得注意的是，布克哈特在书中特别强调，意大利文艺复兴见证了现代个人主义观念的出现，是西方历史的重要转折点。简而言之，个人主义以及资本主义和现代性

1　儒勒·米什莱（1798—1874），法国历史学家，被誉为“法国史学之父”。——译者注

的源头都可以追溯到14世纪和15世纪意大利北部的城邦生活。综合多方研究论据，布克哈特得出结论说，世俗的国家观念、强大的骑士精神、希腊和罗马古典艺术的复兴，合力催生了活跃的自我意识和现代个人主义。与前人不同，布克哈特从文艺复兴中不仅看到了古代经典复兴带来的崭新世界观，更洞悉了这种复兴与意大利人民的精神结合，这一观点颇具黑格尔的历史观思维。在他看来，意大利城邦的种种特质推动他们的公民走向现代化，“使他们成为现代欧洲的长子”，布克哈特把这种转变比作“揭秘时刻”：

在中世纪……人们对个体属于某一种族，某一民族，某一党派，某个家庭或团体的认识尚浅显而模糊。而意大利则成为首个启蒙之地，人们率先撇开懵懂无知的面纱，开始客观而理性地认识周围世界，与此同时，个人的主体意识愈加强烈，人开始成为“精神”个体，并因此获得认同。

其实，这种看法彰显了19世纪日益高涨的民主热情，以及世俗国家逐渐走向工业化的时代特点。而沃尔特·佩特（Walter Pater）的《文艺复兴》（*The Renaissance*，1873）一书也认为，时代精神是驱动个人好奇心和创造力的源动力。但与米什莱、布克哈特不同，来自牛津大学的唯美主义者佩特认为，早期现代科学和政治发展并没有非常强势的影响力，文艺复兴这一从12世纪延伸到17世纪的文化精神专注于对艺术和美的赞美，是一种享乐主义的反主流文化，是对当代道德和宗教传统带来的社会约束的反抗。

米什莱、布克哈特和佩特对文艺复兴的定义颂扬了人类精神和个人主义的起源，但目的却远不止于此。显而易见，他们的宏大叙事不仅解释了现代世界的起源，更为19世纪的欧洲殖民主义提供了理论基础。在这个意义上，文艺复兴研究学者韦尔奇（Welch）认同的“现代主义”便不仅仅是21世纪对文艺复兴诠释的一个特征。正如杰里·布罗顿（Jerry Brotton）所说，米什莱和布克哈特创造的“文艺复兴人”是一群有着强烈民族优越感的白人高知男性，这听起来是不是特别契合维多利亚时代帝国冒险家或殖民官员的理想？所以，这些作家不是在描述15、16世纪的世界，而是在描述他们自己的世界。

另外一种截然不同的文艺复兴“起源说”出现在20世纪早期。在《中世纪的衰落》（*The Waning of the Middle Ages*，1919年出版，1924年英文版出版）一书中，荷兰历史学家约翰·赫伊津哈（Johan Huizinga）在研究了14、15世纪法国和荷兰的生活、思想及艺术形式后声称，布克哈特夸大了意大利与西方国家的距离，以及文艺复兴与中世纪的距离。赫伊津哈将中世纪晚期描述为一个“文化耗尽和价值丧失”的时代，而非“重生”之日。在赫伊津哈看来，凡·艾克（Van Eyck）等15世纪佛兰德斯画家的视觉现实主义并不是文艺复兴的艺术标志，而是“行将没落的中世纪末期精神特征”，究其本质，是“一种专门为早已停滞的思想体系设计的华丽闭幕式”。类似的争论在20世纪的诗歌中也有所体现。威斯坦·休·奥登（W.H.Auden）[1]认为，彼得·勃鲁盖

1 威斯坦·休·奥登（1907—1973），英裔美国诗人，20世纪重要文学家之一，中国抗日战争期间曾在中国旅行，并与同伴、小说家克里斯多福·依修伍德（Christopher Isherwood）合著了《战地行纪》（*Journey to A War*）一书。——译者注

尔（Pieter Brueghel）的《伊卡洛斯的坠落》（*The Fall of Icarus*）中，旁观者对主人公遭遇的冷漠，凸显了人类对弱者缺乏同情心的普遍现象；而杰克·吉尔伯特（Jack Gilbert）更倾向赫伊津哈的观点，他认为，《伊卡洛斯的坠落》不是失败，而只是走向胜利的尽头。

如果说米什莱、布克哈特和佩特笔下的文艺复兴世界反映了19世纪的生存环境与理想，那么赫伊津哈的落寞比喻似乎反映了第一次世界大战后北欧人的悲观情绪。法西斯主义的出现和第二次世界大战对文艺复兴时期的学术产生了更深远的影响。20世纪30年代，为逃离法西斯压迫，许多犹太知识分子选择去美国和英国的大学供职，也因此将他们的非凡才华带到了诸多领先世界的学术机构。战后，这些流离失所的学者们开始热情接受了布克哈特的“进步叙事”。这一次，这一叙事似乎生动阐释了文明战胜野蛮的必然性，并为美国和同盟国战胜法西斯主义“缝制了”合法的外衣。

一般来说，对战争产生的恐怖感很少在冲突正酣之时显现，但那些暴力和血腥的记忆注定会成为幸存者及其后代挥之不去的噩梦。很多在20世纪30年代逃离欧洲的人，战后一直饱受战争创伤的折磨，这可以从他们后来对文艺复兴的反思中判断出来。从德国汉堡逃到美国新泽西州普林斯顿市的艺术史学家欧文·潘诺夫斯基认为，欧洲文艺复兴可谓人类成就的巅峰。潘诺夫斯基设计了一种分析文艺复兴时期艺术的系统方法——“图像学”，该系统类似于20世纪早期的人类学家和人种学者对人类进行分类的方式，对符号进行了分析和分类，试图说明特定主题何时何地被哪些特定的主题显现。潘诺夫斯基认为，对艺术进行科学研究是一种对人性的衡量，通过对主题、图像的系统分析，人们可以揭示出社会态度和信仰如何通过艺术家以物质形式具体呈现。西蒙·巴克桑德尔（Simon Baxandall）的作品表达了类似的观点，即对历史、文本、语境的系统研究可以令隐藏或丢失的意义系统重归现代人的视野。在研究15世纪的意大利绘画时，他引入了“时代之眼”这个术语，来指代一种曾用来观察和理解特定艺术品所包含的文化内涵的失传之法。

20世纪50年代初，从墨索里尼治下的意大利逃到美国的另一位犹太难民罗伯托·洛佩斯（Roberto Lopez），在其作品中为有关意大利文艺复兴起源的争论提供了第一个经济史上的佐证。洛佩斯认为，意大利之所以在14世纪晚期开始投资文化，是因为意大利此前经历了1348年、1362年至1363年两次毁灭性的瘟疫、饥荒和金融危机。在他看来，“艰难时代”和不可预知的未来促使意大利北部城市精英转向投资艺术和建筑，以期在绝望中保护日益减少的个人资产。美国历史学家塞缪尔·科恩（Samuel Cohen）则认为，“黑死病”是塑造意大利中部文艺复兴的一个主要因素。但与洛佩斯不同的是，科恩认为，14世纪晚期在艺术和建筑领域的投资增长，反映了一种日益高涨的乐观情绪和胜利感，因为大家意识到，人类可以依靠韧性与独创性战胜恐怖的鼠疫。科恩的贡献在文艺复兴时期的研究中具有重要意义，他呼吁历史学家不要将研究视角局限在富人和他们的器物上面，而要将目光投向那些一直被忽视的婚姻合同、库存资产和遗愿遗嘱中包含的蛛丝马迹，以便于研究更广泛的消费模式。

20世纪60、70年代，以弗尔南多·布劳德尔（Fernand Braudel）作品为代表的法国编年史学第二次研究浪潮，引入了早期现代解读世界历史的新概念和新方法。在其作品中，布劳德尔质疑了以精英为中心的解释框架，呼吁人们关注普通人的日常生活与心理状态，进而探索了不同历史时间模式下的社会和经济结构的转变。在他看来，文艺复兴主要是一种城市现象，它产生于一个相对较小的、且地理面积有限的创造性区域。继洛佩斯之后，布劳德尔将文艺复兴文化解释为经济衰退的“病态产物”。但他却在欧洲文化运动概述中强调了巴洛克（Baroque）艺术的影响，认为“巴洛克在欧洲掀起的文化浪潮可能比文艺复兴时期的文化浪潮更深刻、更全面、更持久”。

20世纪70年代末80年代初，随着女权主义运动蓬勃发展，社会科学领域开始更广泛地关注身份问题，随之激起了人们对个性化过程的关注和对文艺复兴历史中“男性中心主义”的关注。女权主义学者强调，社会身份是被建构的、流动的、偶然的，这与布克哈特的“文艺复兴人”（Renaissance Man）思想正好相反。文学家斯蒂芬·格林布拉特（Stephen Greenblatt）在《文艺复兴时期的自我塑造——从莫尔到莎士比亚》（*Renaissance Self-Fashioning*：*From More to Shakespeare*，1980）一书中也阐释了文艺复兴时期个人主义的本质。尽管格林布拉特与布克哈特的立场一致，也认为文艺复兴为现代性的发展奠定了基础，但他真正感兴趣的是文化和政治力量如何在16世纪的英格兰促使或限制不同形式的个人身份表达。格林布拉特借鉴了文化人类学、精神分析学和米歇尔·福柯（Michel Foucault）的理论，设计了“自我塑造”（self-fashioning）这个术语，用来解释贵族男女如何使用规定的服装、行为和肖像来展示他们的权力与权威。然而，格林布拉特并没有在此基础上进一步展开论述，而是借用文化人类学家克利福德·格尔茨（Clifford Geertz）

的一个术语得出结论：这些贵族已被塑造成“文化艺术品”。从这个意义上说，“自我塑造”是文艺复兴版的控制机制……是一种通过控制从抽象潜力到具体历史体现的过程来创造特定个体的意义文化系统。在这个框架内，人们从行为举止到处事原则、从服装款式到财产形式，无不受到严格约束，因此，选择的自由极其有限。

研究17世纪英国文艺复兴的学者们热衷于追随格林布拉特，透过颇有影响力的《文艺复兴文化中的主客体》（*Subject and Object in Renaissance Culture*）一书，可以窥见人们对文艺复兴时期的物质性、感官性和物理性的浓厚研究兴趣。几乎与此同时，文本和舞台表演的创作重点也发生了改变，即从关注具有自主性的人类转向研究人类与日常器物的互动。[1]

从20世纪70年代末开始，人类学家就开始关注社会行为如何赋予物品“意义”，以及礼物和商品如何在不同的文化背景下获得不同的意义。美籍印度裔人类学家阿尔琼·阿帕杜拉（Arjun Appadurai）作品中关于物品的社会生活，以及伊戈尔·科皮托夫（Igor Kopytoff）所描述的生活用品文化，在这方面颇有建树和影响，也为研究文艺复兴时期器物历史的后继者提供了诸多有益参考。

20世纪最后20年里，致力于寻找现代消费行为起源的经济历史

---

1 格林布拉特的《文艺复兴时期的自我塑造》在20世纪80年代掀起了一股新的历史主义思潮，即以普通话题为引论，类推出皇室、国家及男性权利等政治论题，帕特里夏·富默顿（Patricia Fumerton）称之为“政治历史主义”，并将其与出现在20世纪90年代的“新新历史主义”进行了对比，后者关注的是普通民众和日常生活。——原书注

学家出版了几本开创性著作。在美国和英国兴起的新自由主义政治浪潮的大背景之下，人们有理由相信，对商品和财产所持的现代性态度最有可能起源于18世纪的英国，因为受益于彼时出现的大规模的商品生产和第一次工业革命的红利。

荷兰“黄金时代”的学者们当仁不让，他们坚持认为，对商品和产品所持的全新态度并非形成于18世纪的英格兰，而是17世纪荷兰共和国的繁荣城镇中。沙玛的研究旨在消解英美对现代消费社会起源的目的论解释。然而，他只是将所谓的起源稍做时空移动，将其转移到了一个关系密切的贸易对手那里。历史学家简·德·弗里斯（Jan De Vries）也持类似观点，他认为，制成品和舶来品的广泛供应成为荷兰黄金时代的物质标志，也成就了一个新的奢侈品时代。

在这个规模性和持久性远超过去的社会里，奢侈品购买不再是一小部分传统精英的专属。社会上相当大的一部分人都可以选择进入市场消费，花钱打造一种新的消费文化。

尽管这一论断准确描述了荷兰家庭因为荷兰东印度公司的发迹而发达的繁荣场面，但消费主义的早期形式最终仍被解释为北欧新教徒植根于殖民扩张和海外贸易的勤勉之果。

另一派别则认为，消费主义的起源或可以追溯到更久远的南欧和罗马天主教贵族那里。在20世纪80年代和90年代撰写的一系列书籍和文章中，经济历史学家理查德·戈德斯维特（Richard Goldthwaite）提出了一个令人信服的见解，即人们对事物的态度在文艺复兴时期的意大利发生了重大转变：

尽管文艺复兴以来的世界变得越发杂乱，但我们坚信，彼时的意大利即便不是现代消费社会的发源地，也是这种消费方式的始作俑者，其主要特征是人们无休止的消费欲望主导了器物的生产节奏和风格变化。

戈德斯维特的核心论点建立在他对15—16世纪意大利北部贵族和权贵们的研究之上。当时，他们开始大幅增加建筑和城市宫殿装饰的支出 。当然，洛佩斯也注意到了这股热潮波及对餐具、图画、壁挂和各式家居用品收购的巨大投资。然而，戈德斯维特并不认为这种投资增长是为了应对"不确定的艰难时期"，而是意大利城市精英们财富与抱负与日俱增的必然结果。在他看来，充斥在佛罗伦萨宫殿中的器物和艺术品不但显示了人们高涨的收购热情，也成为城市精英在国内实现"自我表达和自我塑造"的新载体：

意大利人用他们的财产和商品创造并定义了价值、态度和乐趣，因此这些东西不仅仅是文化的体现，更是创造文化的有效工具。

戈德斯维特对高端物质文化的关注，为文艺复兴研究开辟了一个崭新领域。文化历史学家丽莎·贾丁（Lisa Jardine）在她的畅销书《商品的世界》（*The World of Goods*，1996）中探究了文艺复兴绘画中出现的精致珠宝、华丽服装和家具。之后，其他学者利用房屋框架展示了当时的室内装饰和家庭物质生活。这一领域的经典作品包括帕特里夏·福蒂尼·布朗（Patricia Fortini Brown）的《文艺复兴时期威尼斯的私人生活——艺术、建筑和家庭》（*Private Lives in Renaissance Venice*: *Art*, *Architecture*, *and the Family*，2004年）、伊丽莎白·柯里（Elizabeth Currie）的《在文艺复兴时期的意大利家庭》（*Inside the Renaissance House*，2006）和《文艺复兴时期的意大利家庭》（*At Home in Renaissance Italy*）。近年来，有关意大利文艺复兴时期室内装潢和家庭生活的历史研究数量呈指数增长，且涉及范围广泛，无法在此一一总结，相关概述和评论详见阿杰马尔－沃尔海姆（Ajmar-Wollheim）以及布隆德（Blondé）、雷克博斯（Ryckbosch）等人的著作。

继戈德斯维特之后，苏塞克斯大学与伦敦维多利亚和阿尔伯特博物馆合作开展了一项关于物质文化主题的重大研究项目，并出版了两本开创性作品：《文艺复兴时期的购物》（*Shopping in the Renaissance*）和《物质的文艺复兴》（*The Material Renaissance*）。与布克哈特、戈德斯维特和贾丁立场不同，韦尔奇在《文艺复兴时期的购物》一书中强调，意大利文艺复兴实践涉及复杂和高度微妙的前资本主义交换形式，远非现代消费形式的先驱。因此，16世纪佛罗伦萨精英阶层的商品消费并非完全由市场这只看不见的手所驱动，而仍然是社会固有的并受诸多因素影响的行为。

文艺复兴时期的购买实践是各种关联性事件和行为互相作用的结果，既依赖时间、信任和社会关系网，也受到价格、生产和需求等客观因素影响。

韦尔奇的作品受到了塞缪尔·科恩的批评，理由是作者的研究几乎没有涉及生产经济学或奢侈品对更广泛经济领域生活水平的影响。相比之下，《物质的文艺复兴》虽然仍然从戈德斯维特对奢侈品的分析中汲取灵感，但更多地关注交换的特殊性，并正面处理需求、生产和创新之间的动态联系。该书将人们对物质文化的需求放置到了一个更广泛的背景下进行研究，内容涉及从宏伟宫殿的设计和建造，到旧衣服的流通。其中，最有价值的章节之一是宝拉·霍赫蒂（Paula Hohti）关于旅店老板商品的研究，该文打破了以往对精英家庭炫耀性消费关注的传统[1]。另外，安·马切特（Ann Manchette）关于16世纪佛罗伦萨依靠信用交换旧衣服和家具的章节，强调了意大利文艺复兴时期的贸易和交换行为深植于当时的社会生活，并受到买卖双方关系的制约。用她的话来说，经济交易不应背离将人们彼此联系在一起的社会承诺。

日常生活中，人们获取和使用商品的行为总是受到某些惯例和观念的影响，帕特里夏·阿勒斯顿（Patricia Allerston）对16世纪威尼斯知识界、宗教界和社会政治领域的思想观念进行了一番研究后发现，尽管威尼斯公民仍然遵守“禁奢法”，依旧笃信“奢华的物质享受与肉体的快乐是罪恶之源”，但他们在享受身边那些商业设施或将自己的财产当作商品交易时心安理得，毫无负罪感。[2]

奥马利（O'Malley）和韦尔奇著作中的论文在12年后的今天依旧价值斐然，这些作品不但激发了人们对意大利文艺复兴时期市场运作的兴趣，更刺激了人们学习珍藏品收购与评估知识的欲望。

在前人研究商品化过程和商品流通的基础上，学者们相继向新的研究分支纵深推进，即探究工匠技能、生产方式与科学知识之间的关系：前有帕梅拉·H.史密斯（Pamela H.Smith）[3]和宝拉·芬德伦（Paula Findlen）在《商人与奇迹》（*Merchants &*

1　本书探讨了店主、理发师、鞋匠和二手交易商如何使用替代机制来获取和利用他们家中的物质财富。——原书注

2　要了解文艺复兴时期意大利的二手商品交易，请参阅阿勒斯顿（Allerston）著作。——原书注

3　帕梅拉·H.史密斯（1957—　），科学史学家，专门研究近代早期欧洲对自然的态度，尤其关注工艺知识和工匠在科学革命中的作用。——译者注

Marvels，2013）一书中阐释全球商业化对自然表达方式的改变；后有人聚焦于如何设计新的制造工艺去模仿和复制自然形态。帕梅拉·H. 史密斯的研究揭示了工匠们的材料实验原理以及他们通过自己的创作——栩栩如生的植物或小型爬行动物模型——来了解自然世界的过程。从她的研究工作中我们可以看到，自亚里士多德时代以来一直被割裂开来的“知识制造”和“物体制造”终于在16世纪晚期和17世纪早期的欧洲作为科学革命的一部分实现了融合。[1]另外，工匠的技能和知识对“新科学”的新兴实证方法影响也一直是帕梅拉的研究重点。她还因此提出了“贸易区”的概念，用来指代工匠与学者们相互交流、分享材料和自然界等相关知识的社会平台。

以上列举的这些关于文艺复兴史学的研究成果虽不全面，但足以让读者从不同侧面了解到，在那个具有创造性的时代，人们对物质世界和个人财产开始表现出浓厚的兴趣，而这也是文艺复兴运动的主要特点。文艺复兴在不同时段和地区发挥着不同的作用，但它总是通过为“当下”创造一种令人心安的意识形态背景提供了“本体论安全”[2]，无论这个“当下”是什么时候。比如，在19世纪，文艺复兴为欧洲许多地区的民族主义运动提供了强有力的叙事支撑。在20世纪，也就是所谓的“美国世纪”，文艺复兴的学术话语又跨越大西洋来到美国，并一直被美国犹太学者主导，他们中的许多人来自

---

1 关于所谓的“科学革命”有大量的文献可考。目前，普遍认为玛丽亚·霍尔（Maria Hall）是这个词的创造者（1962）。最近，历史学教授彼得·迪尔（Peter Dear）认为，这一革命分为两个阶段，即复习旧知识的15世纪和16世纪与创造发现新知识的17世纪。——原书注

2 本体论安全是一种稳定的精神状态，源于对生活中事件体验的一种秩序感和连续感。——译者注

二战前的欧洲，为躲避迫害而远赴重洋。在这里，文艺复兴被建构成一个不受束缚、彰显天赋与创造力的巅峰时刻，一个没有被20世纪的仇恨和破坏性精神所玷污的圣洁时代。这种思想闪耀在美国学者的作品中，俨然成为一座点亮黑暗世俗世界的希望灯塔。在20世纪最后20年和21世纪初，对文艺复兴物质文化的研究开始呈多样化趋势，世俗化问题也由此得到更多关注。与此同时，在人类学和经济史的研究趋势带动下，学者们将注意力转向了商品的流通与消费、供求问题以及通过物质文化反映或体现的社会身份的物质表现形式。

此处要说明的是，在继续深入研究文艺复兴时期的器物之前，我们可能还需要完成一次学术“转向”。到目前为止，本文的大部分讨论仍然聚焦于研究意大利文艺复兴的历史方法。但如果要在更广泛的历史背景下考量文艺复兴时期器物的属性和影响，我们需要澄清以下问题：意大利文艺复兴真的像人们宣称的那样独特吗？抑或，只是众多令人眼花缭乱的跨文化历史现象中的一个典型？

文艺复兴：一枝独秀还是百花齐放？

一直以来，关于意大利文艺复兴的“独特性”和“自证预言”[1]现象似乎已经成为艺术史学界的共识。虽然意大利文艺复兴可能因其规模性、持久性和影响力而被视为“大手笔”，但作为一场文化运

1 自证预言，或称自我实现预言、自我应验预言等，是某人“预测”或期待某事的社会心理现象，而这种预测或期望之所以成真，只是因为该人相信或预期它会发生，并且该人由此产生的行为与实现该信念一致。这也就是说，人们的信念会影响他们的行为。这种现象背后的原理是，人们根据先前对该主题的了解，对人或事件的结果产生影响。—— 译者注

动或事件，它的“独特性”已经开始受到质疑。20世纪20年代，哈佛大学中世纪历史学家查尔斯·霍默·哈斯金斯（Charles Homer Haskins）提出了“12世纪欧洲文艺复兴”的概念，另有同行定义了发生在8世纪晚期和9世纪的“加洛林文艺复兴”。与此同时，长期关注阿尔卑斯山北部文化的艺术历史学家，基于对凡·艾克和早期荷兰画家的现实主义绘画，以及巴伐利亚画家和版画家阿尔布雷特·丢勒（Albrecht Dürer）的作品，再加上印刷机的普及等现象，发掘了始于15世纪末的“北方文艺复兴”这一概念。另一位代表人物玛丽娜·贝洛泽斯卡娅（Marina Belozerskaya）也有新的见地，她的研究重点不是版画，而是挂毯、刺绣、珠宝和音乐，多年来，贝洛泽斯卡娅一直致力于论证15世纪勃艮第公国菲利普三世的权力和影响力，并积极寻求一种“替代以意大利为中心的观念”，自布克哈特以来，人们一直认为文艺复兴始于意大利并向北延展，而其创造力是单向的。

潘诺夫斯基在20世纪40年代也曾探索过“多个文艺复兴”的可能性。但他的结论是：欧洲虽然也出现过诸如12世纪加洛林王朝这样的文学、艺术和哲学的复兴时代，但这些复兴只不过是昙花一现，且本土化特征明显，并无长远意义。所以，他始终认为意大利文艺复兴在艺术领域的成就是其他时代不可比拟的。英国历史学家阿诺德·约瑟夫·汤因比（Arnold J.Toynbee）也明确表示，如果从长远的角度看待世界文明的兴衰，尽管欧洲的文艺复兴是“西方精神的自然表达”，但它也是一个“反复出现的现象的特殊实例”。在汤因比看来，如果文明是一个不断挑战和回应现实的演化过程，那么，当前一个时代的文化要素被重新发现和使用的时候，就会出现所谓的复兴。他使用“复生”（revenant）一词来指代一种凤凰涅槃般的重生，即从死亡文化的灰烬中孕育出新文化的生命。

最近，英国历史学家彼得·伯克（Peter Burke）也提出了“多个文艺复兴并存”的观点，并且认为，应该把西欧的文艺复兴放在一个更广阔的地理背景下考察，因为“这种文化始终与邻国共存并相互影响”。

到了21世纪早期，在后殖民主义理论诞生50多年后的今天，我们看到了更具包容性和细节性的历史书写，书写全球历史更是大势所趋。继伯克在20世纪90年代开展的研究工作之后，几位人类学学者已经开始尝试将意大利文艺复兴研究“去中心化”，或将其放在更广阔的历史背景下讨论。在《文艺复兴的集市》（*The Renaissance Bazaar*）一书中，文学史家杰瑞·布罗顿（Jerry Brotton）开始质疑“欧洲文化优越性神话”，并强调说，欧洲基督教文艺复兴的成就是预料之中的，在很大程度上得益于与奥斯曼帝国东部城市的经济和文化交流。在他看来，出现在意大利北部城邦的文艺复兴“在艺术和文化上向东方寻求定义”，并“热衷于消费贵重商品，学习技术、科学，艺术知识，以及今天我们所谓的西方世界无法理解的经商方式”。杰拉尔德·麦克莱恩（Gerald McLean）也表现出了类似的修正主义观点，他认为，“假设不是与以伊斯兰国家为主的东方世界进行直接和定期交流，那么文艺复兴就会完全不同”。

与此同时，为了更好地理解早期非西方文化复兴的物质表现形式，部分学者将目光投向了欧洲以外的世界。在《偷窃历史》（*The Theft of History*，2006年）一书中，英国社会人类学家杰克·古迪（Jack Goody）质疑了在研究文艺复兴过程中出现的“欧洲中心”或

“自我中心”的方法论，他认为，“欧洲文艺复兴并不像人们通常认为的那样独特”。基于史前历史学家维尔·戈登·柴尔德（V.Gordon Childe）关于青铜时代（约公元前3000年）的研究，古迪认为，在所有由城市革命文化演变而来的社会中，艺术和文化形式的兴盛通常伴随着其他商业和资产阶级社区生活水平的提高，而这些商业和资产阶级社区正是艺术和文化成长的“沃土”。此外，随着城市社会发展变得愈加复杂，复兴式的变化在世界各地愈加普遍。

这种将文艺复兴视为“递归现象”的观点无疑是非常有建设性的。

首先，这一观点使我们的研究摆脱了“1400年至1600年”的传统羁绊，这一传统参数曾被视为论证欧洲文艺复兴通往现代性的唯一维度。

其次，这一观点表明，为了满足和回应商人与其他资产阶级精英的欲望与赞助，新的艺术和手工艺品形式开始频繁出现。

第三，正如古迪在他的第二本书中的阐释：

欧洲经历的复兴或改革（我视其为宗教改革复兴）在任何有文化的社会中都可能发生，换句话说，从青铜时代的城市革命开始，人们便可以通过写作回溯起源于早期的“可视语言”[1]，从而在此基础上重建文明。

第四，试图将欧洲文艺复兴主导地位去中心化的学术潮流，出

1 “可视语言”是英国语言学家亚历山大·麦维尔·贝尔于1867年发明的一套语音符号，这套系统由表示喉、舌、唇在发音时的位置和移动方式的符号所组成，也是一种标音方式。这套系统曾用于帮助聋人学习说话。——译者注

现在全球化迅速发展和国际关系日益脆弱的特殊时期。在此背景下，这一潮流可以被解读为以学术研究为目的的政治干预，即把欧洲文艺复兴置于广泛的人类学范畴内重构，视其为人类行为的周期发展现象。这样一来，西方世界炮制的世纪神话将不攻自破：几个世纪以来，他们一直试图与一个据说是独特的、但很大程度上是想象出来的文化历史联系起来，以此来巩固其全球霸权。

制作“大手笔”

在上文中，我们已经看到了不同版本的文艺复兴如何“相继问世”，也看到了15、16世纪塑造欧洲艺术、建筑和其他物质文化形式的文化发展历程，与不同时代和地区的社会、经济进程（最早可追溯到青铜器时代）的相似之处。即便如此，我们依然赞同杰克·古迪的观点，即意大利文艺复兴及其后的欧洲文艺复兴不失为“一个大手笔”。鉴于此，我们不禁要问：到底是什么特殊的环境、事件或社会实践共同创造了意大利文艺复兴产生的物质条件？

1400年至1600年，经历了社会和经济大变革的欧洲社会强烈渴望拥抱崭新的发展机会。中世纪后期毁灭性瘟疫和粮食短缺危机过后，许多地区的人口开始恢复增长，地中海一带的文化交流也日趋频繁，随着东方货物进入意大利北部港口和城邦，贸易往来的热度逐渐升温。如此一来，很多权贵家族变得愈加富有，如以资助艺术而闻名的佛罗伦萨美第奇家族（Florentine Medici）。这些家族的住所成了炫耀性消费的场地，其家中的财物集中彰显了他们的富裕程度。然而，近20年的研究表明，这种对事物的依恋以及依靠财产来提升个人和家庭形象的现象，不仅存在于精英阶层，同时也流行于其他社会阶层。

与此同时，人文主义的发展激励意大利知识分子不断挑战宗教的正统观念。从彼特拉克重新发现14世纪西塞罗（Cicero）的书信到马基雅维利（Machiavelli）[1]的政治论著，“人是自我宇宙的中心”的观点逐渐成为人文主义者的共识。他们认为，一个人只有懂得自信和独立思考才能真正进步。这种哲学观念促使艺术和科学取得了前所未有的进步，文艺复兴时期著名艺术家、擅长捕捉人类形态的列奥纳多·达·芬奇和米开朗基罗等大师级人物的作品也可以说是这一哲学思想的产物。人文主义对经典文本和雕塑的重新发掘激发了人们对自然和自然世界的研究兴趣，很多艺术家开始努力尝试创造一些逼真的动植物复制品。

在商业领域，复式记账法（double-entry bookkeeping）[2]的引入使得商业活动变得空前活跃。方济各会（Franciscan）修士、数学家卢卡·帕乔利（Luca Pacioli）用15世纪末引进的印刷术打印出了新式记账本。帕乔利的新会计方法使威尼斯商人能够准确量化他们的利润和亏损，并刺激了内部竞争。在佛罗伦萨和其他城邦，应运而生的富庶商人与工匠共同打造了强大的手工艺者联合会（或称行会），当地的教堂和市政建设也因此风生水起。

到了15、16世纪，新航路的开辟使新的贸易路线打破中世纪陆

---

1 马基雅维利（1469—1527），意大利学者、哲学家、历史学家、政治家、外交官，意大利文艺复兴时期的重要人物，被称为“近代政治学之父”。——译者注

2 复式记账法是以资产与权益平衡关系作为记账基础，对于每一笔经济业务，都要以相等的金额在两个或两个以上相互联系的账户中进行登记，系统地反映资金运动变化结果的一种记账方法。——译者注

上贸易和下游转运的局限，从而开启了全球贸易扩张的新时代。随着欧洲与远东贸易往来的日益频繁和新大陆的发现，欧洲口岸涌入了海量的新材料和新物种，同时也迎来了不同文化的激烈碰撞：挪用资金、实验操作和文化杂糅成为此阶段文艺复兴的一个典型特征。但也恰恰是这些复杂事件、环境和技术的经年交融，催生了至今仍属罕见的匠心之作。那么，这些稀世文物到底讲述了什么样的时代故事呢？我们可否通过它们读懂文艺复兴时期器物使用的特定语境呢？接下来，让我们走进佛罗伦萨。

大卫雕像：文艺复兴时期佛罗伦萨的公共艺术与骄傲

米开朗基罗的大卫雕像高17英尺（约5.2米），不仅是意大利文艺复兴时期雕塑作品中的翘楚，也堪称世界艺术史上的问鼎之作，其轮廓分明的肌肉线条和协调优美的男性身材比例已经成为业界标杆，但大师真正高超之处是他决定通过面部表情捕捉人物的思考瞬间。在这件作品中，米开朗基罗没有选择呈现大卫的战斗姿势，也没有刻画他战胜歌利亚后举着巨人头颅的胜利姿态，而是抓住了牧童打扮的大卫在放松状态下眉头紧锁的一瞬，那是大卫决心拼死一战，并焦急期盼决斗到来的时刻。

大卫雕像蕴含了丰富的思想内涵。最初，这件宗教作品是用来纪念《旧约》中的英雄和《撒母耳记》（*Book of Samuel*）中的先知。1464年，雕刻家阿戈斯蒂诺·迪·杜乔（Agostino di Duccio）签订了创作合同，按约定，作为《旧约》中12个英雄雕像群的一部分，成品将被放置在佛罗伦萨圣玛利亚大教堂屋顶东端。

然而，阿戈斯蒂诺·迪·杜乔和另一位雕刻家都未如约交工，

40年后，米开朗基罗在前人创作基础上最终完成了这座雕像。1504年揭幕之时，大卫雕像被赋予了新的政治意义，作品所传达的力量感和对抗感被视为佛罗伦萨共和国的精神象征。显然，米开朗基罗深谙大众心理，在这块有瑕疵的托斯卡纳大理石上精雕细琢时，不但竭力迎合《圣经》主题，也确保作品不会让那些有人文主义信仰的城邦精英们失望。据说，大卫的脑袋和右手的比例较大，前者象征着他的智慧，而握着石头的巨大右手则象征着他的力量，这也巧妙暗示了大卫的绰号“强壮的手”（Manu Fortis）。这尊雕像中的大卫被解读成一个理性的个体，完美诠释了人可以用智慧、技能和意志力来塑造自己命运的人本主义思想。

达·芬奇和桑德罗·波提切利（Sandro Botticelli）等艺术名流经过激烈辩论后，最终决定不把米开朗基罗的大卫雕像放在屋顶上，而将它安置在有着浓厚政治色彩的维奇奥宫外的广场上，替换了多纳泰罗（Donatello）[1]的作品“朱迪斯（Judith）和赫罗弗尼斯（Holofernes）”铜像，该举动寓意将暴君皮耶罗·迪·洛伦佐·德·美第奇（Piero di Lorenzo de Medici）驱逐出佛罗伦萨，代之以吉罗拉莫·萨伏那洛拉（Girolamo Savonarola）[2]治下的佛罗伦萨共和国。将雕像放置在公共广场无疑增强了作品本身的人道主义吸引力——一位理性的英雄昂首挺立，坚定地注视着城邦的主要对手罗马，时刻准备履行自己的公民义务。从这个意义上说，大卫雕像既是一件艺术珍品，也是一个政治宣言。不过，从事零工的雕刻家、画家米开朗基罗似乎并不

1 多纳泰罗（1386—1466），意大利文艺复兴雕塑家、画家。—— 译者注

2 吉罗拉莫·萨伏那洛拉（1452—1498），意大利修士，1494年到1498年，任佛罗伦萨的精神和世俗领袖。—— 译者注

在意这个结果，没等雕像正式落户广场，他就已经掸掉鞋上的佛罗伦萨尘土，赶往罗马接受新任务了。然而，如果充分考虑到作品的时代背景和意大利北部城邦的政治状况，这座雕像可能充其量只是一件具有高度象征意义和影响力的艺术作品。

关于这尊雕像，还有两点要加以说明。首先，米开朗基罗选择以对位或平衡姿势来描绘大卫，这让站立的雕像重心集中在右脚上，肩膀和手臂因为扭曲而偏离了臀部和腿部的轴线。这种姿势有意识地融入了古典传统和古希腊雕塑风格，彼时的雕塑大都是站立的男性裸体英雄形象。其次，我们注意到，这座雕像最初是由佛罗伦萨羊毛工会出资委托创作的，这些工会有了一定的财富积累后便被要求履行维护和装修大教堂的义务，据此，我们可以管窥当时城市商人和工匠精英的幕后力量。出现在15世纪意大利城邦和欧洲其他地区的商业财富使艺术赞助大行其道，蔚然成风，其强劲的创作力持续影响着后世的艺术发展，而高高耸立在那里的大卫雕像，俨然成为一个时代的标志性海报。

为何这些想象中的文艺复兴时期的精美绘画、雕塑和建筑一直广受青睐呢？原因并不复杂，一方面，全球超级富豪在国际拍卖行的诱惑下，心甘情愿高价支付看似完美的艺术品。另一方面，全球旅游业的蓬勃发展使意大利北部城市成为炙手可热的观光胜地。与此同时，为了“传承”各个历史时期可复制和销售的艺术珍品，全球各大博物馆和画廊的礼品店广纳文艺复兴的高仿典藏。相比其他年代，这一时期的艺术品可复制性极强，于是，经过模仿者的再设计和再创作，“昔日珍品”有了更多机会进入寻常百姓家。

以米开朗基罗的《大卫》为例，雕像中那个正在沉思的健硕青年如今正被波普艺术和21世纪的广告商以各种形式挪揄着、消费着。

2007年，德国奥林匹克健身运动联盟把大卫描绘成一个病态的肥胖青年，并打出了“不运动就发胖”的宣传口号，这个超重形象的大卫此后便被托斯卡纳的纪念品行业复制。

然而，文艺复兴的魅力不仅在于它是一个商业品牌，除了艺术品中蕴含的美与创造力，人们更珍视这种想象中的文化与当下的联系。这种情感上的联系意味着文艺复兴已经成为一个经久不衰的修辞指代，由此我们可以把米开朗基罗和达·芬奇这些正在16世纪晚期佛罗伦萨广场上沐浴阳光的英雄天才，想象成和我们一样的人，只是彼此的服饰不同而已。

大卫雕像也是一种宗教宣言，这位被物化的《旧约》英雄，通过一种超越古典技艺的艺术形式走进新的时代。从大卫健朗的肌肉纹路里，我们感受到了佛罗伦萨市民的自豪感；从英雄的出身上，我们看到了城市日益增长的商业财富和对艺术创作的强烈渴望。而这些品质，就像雕刻塑像所用的坚硬大理石一样，都是意大利北部城市的特色制造，也是这件作品的创作源泉。

虽然文艺复兴时期很多能够显示贵族及其所在地区权势的器物都来自本土，但其中也不乏很多独具魅力的异域珍品。在文艺复兴时期，投资当地艺术创作不仅是财富和品位的标志，同时更会巩固寡头们的统治地位——拥有精美的艺术品和建筑，在很大程度上有助于抑制批评，归化精英的权力。另一方面，收集自然界的奇珍异宝也彰显了人的理性力量，以及驯化和控制自然的能力。

世界文化大碰撞：认识自然、热衷收藏与全球贸易扩张

1515年5月20日，在里斯本的贝伦港口，一头印度犀牛被人从

葡萄牙大帆船上拽下来后，抬起头来呼吸着陌生国度的空气。这头犀牛是苏丹古吉拉特邦穆扎法尔·沙阿二世（Muzaffar Shah II）送给葡萄牙治下果阿邦的印度总督阿方索·德·阿尔布开克（Alfonso de Albuquerque）的礼物，也是一千二百年来欧洲人见到的第一头活着的犀牛，阿方索·德·阿尔布开克一到家，就将这头后来被称为“尤利西斯”的猛兽献给了葡萄牙国王唐·曼努埃尔一世（Don Manuel I，1495—1521）。曾几何时，漫步阿茹达宫殿街道的尤利西斯浑身散发着无尽的异域魅力，引来无数人驻足。后来，年轻的国王本着礼物交换传统，将这一珍贵物种作为外交礼物，送给美第奇家族的教皇利奥十世，遗憾的是，前往罗马的运送船只在利古里亚海岸附近被巨浪冲翻，尤利西斯不幸溺亡。

今天，从阿尔布雷特·丢勒于1515年创作的木刻版画《犀牛》（*The Rhinoceros*，图0-1）中，我们可以窥见不幸的尤利西斯。虽然丢勒从未亲眼见过那头犀牛，但他曾从一位里斯本的德国印刷工瓦伦丁·费迪南德（Valentin Ferdinand）寄给纽伦堡商人的图画和笔记中，看到过尤利西斯的模样，可惜这幅画和笔记现已丢失。丢勒在画中准确描绘了印度犀牛的独角和尖嘴，以及背部和肩膀上的疣状突起。然而，他又凭借想象添加了一些有失精确的细节，比如，腿上长满鳞片，脖子后面有独角鲸一样的小角，尾巴类似象尾。彼时的丢勒住在纽伦堡施米德加斯武器制造厂附近，所以有人猜测，犀牛铠甲上的图案可能融入了他当时正在研究的盔甲设计元素。

而后，印刷术的普及让丢勒笔下的犀牛形象开始在北欧广泛流传。据统计，从1515年到1528年，即丢勒先生去世前13年间，这件作品已经售出5000多幅，犀牛的形象激发了人们对神秘东方和东方巨

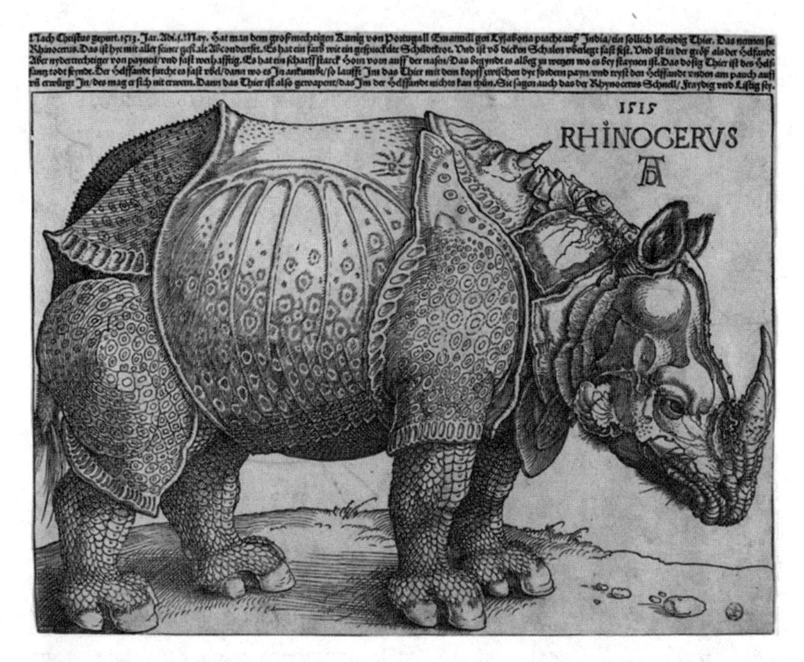

图0-1 《犀牛》，阿尔布雷特·丢勒创作于1515年，现收藏于华盛顿特区国家美术馆

兽的无限好奇与遐想。与米开朗基罗的大卫雕像类似，丢勒作品中的犀牛形象已跨越时空——从16世纪德国和意大利的版画复制匠人，到丹麦克伦堡（Kronborg Castle）的织锦工，再到1956年用青铜铸造了“宇宙犀牛”的20世纪西班牙超现实主义画家萨尔瓦多·达利（Salvador Dali）——成为不同年代艺术家争相复制和膜拜的宠儿。

丢勒犀牛图的不朽魅力充分证明，商业运作与艺术赞助可以为我们认识自然创造新的灵感。到16世纪晚期和17世纪，随着人们对观察和描绘自然的兴趣与日俱增，艺术加工业蓬勃而生。与此同时，大众对知识和经验的渴求提升了像丢勒这种能人的社会地位，他们因高超的自然写实天赋而广受追捧。

一直以来，各个时代的社会精英都热衷于收藏贵重器物以巩固自己的历史地位。但在16世纪和17世纪，认识和掌控自然界的欲望使这一时期的藏品与众不同。在意大利北部，以美第奇家族为代表的权贵人士专门建造了博物馆或拱廊来陈列各种稀世珍品和绘画作品。从16世纪中叶开始，中欧出现了一种叫作“珍奇屋”（Kunst-und-Wunderkammer）[1]或称“艺术与奇迹之屋”的新展览形式。这种收藏方式起源于巴伐利亚皇城奥格斯堡的富商和富格尔（Fugger）家族，这些商人往往会利用他们在阿尔卑斯山北部和南部的贸易关系网来购买奇珍异品。

“珍奇屋”容纳和陈列着百科全书式的收藏品，这些包罗万象的器物和外来标本中有很多是第一次现身新大陆，主要分为自然和人造两大类。人造器物通常包括机械和导航仪器。在现代德语中，“Kunstück”译为“技巧”或“手艺”，“Kunstkammern”译为“珍奇屋”，寓意一个能够展示自然和人造物品的全景所在。毫无疑问，这一象征主题彰显了主人的权势、支配掌握自然的能力以及他们“特权神授”的正义地位。

橱柜“cabinet”一词，现在指的是带架子或抽屉的木制橱柜，用来存放或展示物品。16世纪的奥格斯堡橱柜制造商开始用松木和镀金金属制造橱柜，当然，也有人制造出乌木和银制的桌面橱柜，形态小巧精致。这些专为贵族或皇室家庭设计的高端首饰往往需要

1　珍奇屋，15—18世纪欧洲收藏家用于陈列自己收藏的稀奇物件和珍贵文物的屋子，是博物馆的前身。—— 译者注

金属工和珠宝商跨界联合打造。奥格斯堡内现保存完好的一部分“珍奇屋”采用的是硬石镶嵌技术（pietre dure），即把带有鸟、花图案的深蓝色的天青石和色彩艳丽的宝石镶嵌在托斯卡纳的大理石板面上。16世纪的“橱柜”不仅仅用来描述家具，也可以指代收藏品或一系列内装有藏品的房间，无论是私人住宅或半公共空间。

藏品的规模和所在建筑通常可以反映出主人的尊严与野心。1560年，路德教奥古斯特一世建造了德累斯顿“珍奇屋”，又称之为“工作收藏”，借机表达政治观点。他还委托金匠和钟表匠汉斯·施罗泰姆（Hans Schlottheim）做了一个带自动发条装置的船形桌饰，这艘“机械帆船”现被大英博物馆收藏。上紧发条时，机器上的奥古斯特和其他六位选帝侯[1]便会在神圣罗马帝国皇帝鲁道夫二世（Rudolph II）的坐像下，随着鼓声虔敬地列队游行。

迄今为止，规模最大、藏品最奢华的“珍奇屋”，出自16世纪奥地利哈布斯堡皇室之手。1570年至1571年，蒂罗尔大公费迪南德二世（Archduke Ferdinand II）整修了建于中世纪、位于因斯布鲁克附近的安布拉斯宫，来陈列他收藏的武器、盔甲和绘画。同时，他又新建了几个房间来摆放从已故父亲费迪南德一世（1503—1564）那里继承的珍宝。安布拉斯收藏馆被费迪南德二世授意开放后，吸引了包括瑞典女王克里斯蒂娜和诗人歌德在内的欧洲各国名流。不过，这里的珍宝与哈布斯堡王朝皇帝马克西米利安二世（Maximil-

---

1 选帝侯（德语：Kurfürst，英语：Elector）是德国历史上的一种特殊现象。这个词被用于指代那些有权选举神圣罗马皇帝的德意志诸侯。此制度严重削弱了皇权，加深了德意志的政治分裂。这一制度从13世纪中期实行，一直到1806年帝国灭亡为止。——译者注

lian II，1564—1576）在维也纳的收藏品相比，可谓小巫见大巫。后来，维也纳的宝贝被马克西米利安二世的儿子鲁道夫二世（Emperor Rudolf II，1552—1612）从维也纳搬到了布拉格的皇家城堡，并将其安置在专门打造的房间里，称其为“鲁道夫宫”。

商人夫妇与他们的别致家饰：文艺复兴时期的归化现象

稳居伦敦国家美术馆近180年的镇馆之宝《阿尔诺芬尼夫妇像》（*Arnolfini Portrait*）或《阿尔诺芬尼的婚礼》（*Arnolfini Wedding*）（图0-2）被公认为是15世纪勃艮第文艺复兴时期的杰出代表作之一。这幅橡木油画宽两英尺，高不足三英尺，画中，来自布鲁日大富之家的一对新婚夫妇，站在装饰考究的房间内。潘诺夫斯基认为，这幅画是一种隐含的契约形式，弗兰德斯画家扬·凡·艾克（Jan van Eyck）则是1434年这份契约的签署者和见证者。而其他人则认为，这幅画像可能表现的是订婚仪式，或是乔瓦尼·阿尔诺芬尼正授权妻子以他的名义开展业务。但画面的人物身份至今依然存有多种猜测，近代以来，人们猜测画中男子可能是布商、金融家乔瓦尼·阿尔诺芬尼（Giovanni di Nicolao Arnolfini），女人可能是阿尔诺芬尼的第一任妻子科斯坦萨·特伦塔（Costanza Trenta），这一解释便使这幅画有了新的含义，因为1433年科斯坦萨死于分娩，因此，这幅描绘死去的妻子站在丈夫旁边的肖像画，表达了丈夫对亡妻的思念和追忆。

后人恐怕永远无从知晓画中的秘密，但不管真相如何，必须要承认，这幅画为我们研究15世纪文艺复兴的居家装饰提供了一个绝佳视角。一项最新研究显示，通过计算机视觉算法，我们可以看到

图0-2 《阿尔诺芬尼夫妇像》，杨·凡·艾克作品，创作于1434年，现收藏于伦敦国家美术馆

两人背后墙上凸面镜的反射画面正是扬·凡·艾克现场作画的生动场景。毫无疑问，艺术历史学家们会继续争论这两个人物的体态、牵手姿势和房内器物背后可能隐藏的象征意义，比如，很多人认为，画中布鲁塞尔狮鹫犬、打开的窗帘、窗外盛开的樱花树象征着信仰、生育力和繁衍的希望。[1]

某种意义上，这幅画还可以被解读为商业资本主义的产物。从这个角度看，画中的东方地毯、黄铜吊灯、威尼斯凸面镜、天篷床都具有非比寻常的意义——商业成功的标志。这对夫妇的照片拍摄于夏季，但两人都穿着中世纪富商家庭的厚重正装[2]。男子身着镶着貂皮边的紫色丝绸短衫，外罩一件带图案的锦缎上衣，头戴黑色宽边草帽。女子穿着内衬毛皮的绿色高腰羊毛裙，裙子的斜袖设计和褶皱花边格外典雅别致，这样一件雍容华贵的长裙大概要用14米左右的羊毛布料才能做成，将裙摆收起放在腹部的姿势正是当时的流行风，但很多现代人误以为女子怀有身孕。她头戴亚麻布的克鲁塞勒头饰，头发紧束，表明了已婚状态。

---

1 人们很容易将现代信仰和价值观应用到对文艺复兴时期绘画作品的解读中，从而误以为15世纪和16世纪的物品就是如此被感知、使用和评价的。《阿尔诺芬尼夫妇像》中的凸面镜就是一个很好的例子。这面镜子远不止简单的墙上装饰品，它具有丰富的象征意义。例如，它可能代表上帝的万能之眼正见证这场订婚或婚礼典礼，并赋予新人永恒的救赎。另外，一块明亮洁净完美的镜子也可能寓意圣母玛利亚的纯洁。另一个有趣的观点认为，在17世纪后期的镜子出现之前，人们在照镜子时，对自己的面部不会有任何评价或反思，而是通过他人在镜子中的相似性来形成自我认知。——原书注

2 在当时的布鲁日有一个说法，穿的越多，证明越富有，所以即使是在夏天，这对夫妇依然穿着厚重。——译者注

《阿尔诺芬尼夫妇像》的写实主义风格是其一大亮点，画家捕捉温馨气氛的超凡能力令人叹为观止。然而，英国历史学家丽莎·贾丁却提出了一个完全不同的解读视角，她认为，画像并非单纯的生活场景写照，而是一个炫耀财富的排场：无论是妻子还是宠物，甚至床上的挂饰和黄铜制品，都是男人的私有财产。

按照这个思路，该作品的目的便不是为了精确呈现人物的相似度（画家对女子面容的刻板描绘可能是重要论据），“而是要捕捉成功商人的精神风貌和他渴求占有财富的状态”，这样看来，这幅作品要表达的重点便是歌颂人们对物质财富的拥有，对异域舶来品的占有，歌颂让阿尔诺芬尼们有机会享受财富的15世纪这样的时代。

之所以要研究和讨论这幅肖像，是因为家居用品在文艺复兴时期生活中占有重要地位。在谈到对文艺复兴时期的文化归化时，彼得·伯格曾描述过意大利文艺复兴时期创造的物质生活形式如何通过物质文化、交流实践和思维方式的传播，继续影响欧洲其他地区的日常生活。很遗憾，我们对阿尔诺芬尼家的了解仅限于楼上的接待室，如果有幸一览厨房和其他房间，肯定有机会欣赏到异国风味的食物、香料以及燃木火炉这样的供暖新设备。尽管目前没有关于勃艮第商人家庭用餐习惯的记载流传下来，但有史料显示，当年勃艮第大胆的查尔斯（Charles the Bold，1467—1477）设定的宫廷宴标准极高，尤以精心烹制的天鹅和孔雀盛宴而闻名，当然，这样的奢华排场一定少不了大群训练有素的仆人俯首侍奉。

文艺复兴时期多姿多彩的精致生活通过物质文化、社会实践和思维方式传播到了整个欧洲大陆，并改变了许多家庭。当时，即使是超级富豪家中也没有固定的餐厅，只是根据宴会的场合和客人的数量来临时调整房间。人们对宴会舒适度的要求和对展示社会地位的渴望，促生了新的用餐形式及专门设计的餐具和配件。

在中世纪的北欧，普通家庭一般使用陶器器皿、水壶、木盘和碗来准备和盛放食物。而到了15世纪，德鲁塔和意大利中部其他地区出现了一种新型锡釉，或说是马约利卡（majolic）陶器，是模仿西班牙南部中世纪的西班牙－摩尔式陶器[1]而成的。这些彩色陶瓷盘子上印有宗教或其他主题，既适合展示，也适合放在桌子上使用，很快就受到欧洲大陆家庭的青睐。这些新型锡和铅釉器皿成功催生了许多仿制品，比如，法国和其他地区出现了彩陶（faience)，荷兰则诞生了代尔夫特精陶（deft）。在16世纪的头十年，北欧窑炉技术的进步使得科隆的陶工能够生产出新的棕色盐釉莱茵炻器（中国古称石胎瓷，质感接近瓷器）酒杯和陶罐。其他形式的锡格堡炻器和雷伦炻器在16世纪中期相继出现，这些迷人耐用的灰色、蓝色炻器是时尚餐桌上威尼斯薄壁酒杯的绝妙搭配。多齿叉也在这个时候悄然兴起，通常与餐刀一起使用，避免用餐时用手接触食物，但最初并没有在北欧广泛流行。[2]

2020年的文艺复兴器物

本章简要概述了19世纪中期以来，学界对文艺复兴认识的变化

---

1 西班牙－摩尔式陶器，最初是在安达鲁斯或西班牙穆斯林创造的伊斯兰风格陶器，后又融合伊斯兰和欧洲元素的风格，曾是欧洲生产的最精致、最豪华的陶器。——译者注

2 考古学家大卫·盖姆斯特（David Gaimster）及同事研究了欧洲大陆文艺复兴对英国城市家庭使用陶瓷的实质性影响，以及所谓的“后中世纪陶瓷革命”（约1450—1650）。——原书注

过程、历史背景及文艺复兴时期器物的研究现状。下文将概括综述当前文艺复兴时期物质性研究的趋势，并着重探讨该领域的最新研究进展和方向。

通过对近期出版物的调研发现，虽然目前文艺复兴相关著述还仅局限于艺术史或博物馆研究领域，但得益于历史和人文学科的广泛发展，该课题的预期成果将非常乐观。在过去20年里发生的"物质转向"，使历史学家的研究早已超越文本，同时，研究器物的制造原理以及被不同社会阶层所接受的复杂过程已经成为当下热点。这种新的研究维度打破了传统的学科界限，为大学历史学者和专门研究或收藏器物的博物馆工作人员提供了全新的合作机会，而物质转向也对中世纪晚期和现代早期的器物及器物历史研究产生了重大影响。

目前的前沿学术理论当数宝拉·芬德伦的"器物地理学"和全球史的物质维度研究。在某种意义上，文艺复兴历史的全球化概念是建立在贾丁和布罗顿几年前提出的跨文化理论基础之上的，但近几年，人们对"物质的全球化"现象产生了浓厚的研究兴趣，开展了针对各类商品和艺术品的跨境流动与相互影响的调研活动，相关研究为我们收集整理了大量物品和物种的流动史料，如瓷器、银、丝绸、珊瑚、羽毛和植物种子等，可谓成果丰硕。这一创新性学术研究体系同时也动摇了先前许多大师关于文艺复兴历史研究的叙事体系，从而为我们呈现了更复杂、更微妙的非线性器物发展史。

与此同时，很多哲学家开始对事物的"物性"产生了浓厚兴趣，并将研究焦点对准了文艺复兴时期器物的感情色彩和物质属性。受简·本奈特（Jane Bennett）"活力物质"说的影响，历史学家鲁布拉克（Ulinka Rublack）认为，对文艺复兴时期物质文化的研究不应该拘泥于那些记录消费和流通的古文献，而要更多地挖掘物质本身的“生命力与活力”。比如，在探究了16世纪巴伐利亚富商汉斯·富格尔（Hans Fugger）的生活后，鲁布拉克发现富格尔曾竭尽所能用皮革制品装点自己的生活，从西班牙和摩洛哥皮革制成的鞋子和靴子，到威尼斯的镀金皮革壁纸。鲁布拉克之所以对这些材料感兴趣，是因为她发现，“人工制品的价值和吸引力来自材料本身的物质特性和创作工艺”。

科学史学家帕梅拉·H. 史密斯也曾对器物的材料属性和制作工艺有过类似关注，但她采用了完全不同的研究策略，即超越文本，力求通过实验室成果实现对已失传工艺和技术的重建[1]。其最新著作《复杂的旅程》（*Entangled Itineraries*）集中展示了史密斯对全球文艺复兴研究做出的宝贵贡献，在书中，作者通过分析东方货物飘洋过海的西游历程，揭示了以人、材料、器物、文本和社会实践为载体的“知识”如何在欧亚大陆流动，并最终汇聚在不同社会和文化群体交流互动的中心。

而今，新唯物主义理论和后人文主义理论的广泛应用使文艺复兴研究又取得了重大进展。在文学和文化研究领域，精神与肉体、人与动物、文化与自然等古典人文主义二元论日益受到挑战。越来越多的学者意识到“去人类中心化”的紧迫性，并对文艺复兴时期

1　帕梅拉·H. 史密斯的“制作与认知”项目一直致力于将一份16世纪法国手工和技术手稿制作成电子版。这样做的目的不仅是为了让现代观众能够阅读文本，也为了能够更好地探究文艺复兴时期工匠们使用的材料和工艺。——原书注

人文主义思想的影响力提出了强烈质疑（达·芬奇的《维特鲁威人》[1]也有此隐喻）。受其影响，当代哲学家与女性主义理论家布莱多蒂（Braidotti）认为："传统作品中的人类，在很大程度上指的是男性物种，即'他'，而且'他'是来自欧洲的白人，英俊、强壮。"约瑟夫·坎帕纳（Joseph Campana）和斯科特·迈萨诺（Scott Maisano）则认为，这种观点过于简单化，同时在相关研究中应尽量回避"维特鲁威人"的特殊指代。他们认为，文艺复兴时期的人类与14—17世纪作品中的动物、环境和重要物质有着千丝万缕的联系，先后经历了嵌入、融入、并行和去中心化的过程。另外，这两位学者的作品中还涉及了后人类唯物主义的大量研究。值得注意的是，劳拉·博维尔斯基（Lara Bovilsky）竟然在莎士比亚和马维尔的作品中发现了"矿物情感"的证据，结论颇为惊艳。经过对这些石质意象的系列研究，博维尔斯基认为：

批评家们已经在很多作品中见识过哭泣的雕像、坚贞的石头、石质的心、燧石般的胸膛和对炽热激情毫不敏感的冷酷木块，并认为这些形象代表了一种不以物喜、不以己悲的新斯多葛主义生活理想。但我认为，恰恰相反，矿物情感语言是连接石头或金属主体与

---

1 《维特鲁威人》是达·芬奇在1487年前后创作的著名素描作品。根据约1500年前维特鲁威在《建筑十书》中的描述，达·芬奇努力绘出了完美比例的人体。这幅由钢笔和墨水绘制的手稿，描绘了一个男人在同一位置上的"十"字型和"火"字型的姿态，并同时分别嵌入一个矩形和一个圆形中。这幅画也被称作卡依比例或男子比例，现藏于意大利威尼斯学院美术馆。此图片展示了文艺复兴时期数学和艺术的结合，显示了达·芬奇对比例的深刻理解。这张照片是达·芬奇试图将人与自然联系起来的基石，他认为人体的运作是一个类比宇宙的运作。—— 译者注

人类亲密关系的纽带，象征那些或多愁善感、或麻木无感的人类群体。

此外，她还认为，“对矿物情感的认同会拓展我们对人类极端情感的认知范围。”

总而言之，文艺复兴时期器物的前现代世界，是在文化保守主义、社会义务、宗教、民间信仰和习俗仍占主导地位的环境中形成的。但与中世纪生活形成鲜明对比的是，文艺复兴时期的器物制作受到了“人之为人的意义”这一新观念的影响，人们开始有机会接触令人眼花缭乱的新材料，全球意识真正意义上的第一次觉醒便在此刻发生。随着商人与贵族财富的增加，艺术和手工艺的赞助机制不断催生这两个领域的创新模式。新技能和新实验数据的获得，为工匠们打开了认识自然世界的新门户，也为现代科学发展铺平了道路。当然，那些能够彰显社会地位的器物往往被教会和手握强权的寡头们牢牢控制着，绝非常人可以得见，这些人一直试图通过宗教教条和禁奢法典为自己披上正义的外衣。然而，到了15、16世纪，很多欧洲家庭开始以前所未有的速度与规模积累财富。从此，物质生活开始与遍布全球的贸易网络产生盘根错节的联系，“物质”成为生活的载体，并随着时间的推移，水到渠成地孕育出了“自我”“消费”和“社会”等新概念。

第一章

器物性

早期现代的物质编目

维萨·伊莫宁

在1534年出版的讽刺小说《巨人传》中，弗朗索瓦·拉伯雷（François Rabelais）不遗余力地对主人公卡冈都亚的成年服饰进行了长篇累牍的描述。下文这段描写可见一斑：

“……设计采用14.85米的同材质呢料。形似凯旋拱门，两端各垂金环，环下有钩，钩上各镶绿宝石一枚，大如橘子。据奥斐尔的《石类汇编》和《普林尼集》最末卷所载，这种绿宝石有壮阳之效……金银螺旋丝镶边、各式悦目交错地结扣和耀眼的钻石、红宝石、蓝宝石、祖母绿、波斯珍珠，你一定会联想到古玩店里的“丰收角”[1]……

书中这段文字不但透露出拉伯雷对文艺复兴时期人们崇尚古风、

1 丰收角，牛角内盛满各种水果，象征丰收，寓意相当于中国的聚宝盆。——译者注痴迷神话的嘲弄之意，也显示了作家对近代早期人们热衷于对奢侈品精雕细琢和分门别类的揶揄之情。书中详尽记载了器物材质、异国来源以及工匠手艺，细数了器物的疗效和性能。如此冗长的器物清单是为了取悦读者？抑或给读者留下深刻印象？不管意图何在，作家慷慨的笔墨无疑再现了前人对器物的高度敏感和关注。其实，人们对器物的接受与钟爱，绝非近代早期独有的情愫。有研究表明，早在中世纪，欧洲人就与器物有了千丝万缕的联系。到了15、16世纪，随着物质文化以及生产、贸易和消费模式的显著转变，双方感情发生微妙的“升温”，新思潮的出现不仅推动了科学、经济学和艺术领域的大变革，也促发了人们对于形而上学、神学和“人之为人”等问题的新思考。

在众多学者（尤其是中欧和西欧学者）眼中，“近代早期”是一个从中世纪过渡到现代的特殊时期。告别了充斥着气候变化危机、商业萧条、战争和黑死病的14世纪后，人类迎来了一个崭新的时代。但在北欧，考古证据显示，这些变化姗姗来迟。例如，直到15世纪末，芬兰南部城镇才出现近代早期的新型器物生产使用方式，16、17世纪呈增长趋势。而在芬兰北部和东部，更原始的器物生产、使用方式一直存续到18、19世纪。

虽然这些变化的发生早晚有别，但它们无疑成就了一个改变和重新定义物质文化以及相关概念和观点的时代。其实，向现代过渡的转型期，并非完全摒弃了中世纪的残留特征，相反，这些源自不同历史时期的特征，在当时以多元化的混合形态共存着，其连续性和非连续性直接影响了人与物品之间的关系。玛莎·C.豪威尔就曾强调说，这个时代有它自己的主导逻辑，其特有的“人、物”关系既不同于上个时代，也有别于下个时期。

在这个过渡时期，新型消费模式开始奠定现代商业主义、世俗主义和个人主义的雏形。与此同时，商品产量大幅增加，贸易往来效率提高，规模更加全球化。欧洲与中东、远东、非洲的关系日益密切，从15世纪晚期开始，与美国的联系也愈加紧密。大宗商品从大西洋彼岸涌入欧洲，从而改变了欧洲的经济格局。随着贵族和家庭领域商业经济的大规模发展，家居工艺品的数量和多样性显著增加。例如，新式炊具和餐具的出现使餐饮活动的“表演性”花样不断翻新。无独有偶，彼时，还出现了“私人藏品”这一概念，于是，人们对私藏空间以及生活格调的追求应运而生。虽说文化变革和科技变迁主要影响了上层社会，但其他社会阶层的生活也在逐渐发生着改观。

一直以来，欧洲经济、贸易、物质文化的嬗变与人们对物品和物质世界的科学认识以及研究相伴相生。横空出世的印刷术经济实惠，不仅加速了这些新思想的传播，拓宽了读者群，更促进了学术界的“百家争鸣”。在本章，我将为读者详尽阐释物质、器具以及人与器物关系的概念，如何在这种百花齐放的学术氛围中得以勃发，认识物质世界的主要认知原则又是什么。换言之，15、16世纪的人们是如何构建对器物的认知的。

近代早期思想史上，关于文艺复兴对现代欧洲崛起的巨大意义可谓浓墨重彩。以雅各布·布克哈特（1818—1897）和约翰·赫伊津哈（1872—1945）为代表的19世纪末20世纪初的学者们，就曾在其著述中反复提及中世纪种种习俗在这一时期的骤然轰塌，以及现代个人主义思潮与科技革命的应运而生。到了20世纪末，英雄主义文化和独树一帜的近代早期文化则悄然退出了历史舞台，取而代之的，是更加精妙深邃的新思潮。实际上，个人主义和资本主义的萌芽可以追溯到中世纪，而中世纪和近代早期的思想模式在很多方面可谓一脉相承。

法国哲学家米歇尔·福柯曾从“认知型”层面解析了文艺复兴时期的特点。其所谓“认知型”指的是，在某一历史时期能够催生特定认识论和知识体系的可能性条件。福柯认为，文艺复兴时期的“认知型”建立在“相似性”基础之上，这一解读视角颇有一语道破自然物、天然物、符号和图像中所藏“天机”的意味。今天看来，即便福柯的论证有片面解读文艺复兴多元化思想之嫌，却仍不失为研究近代早期历史的重要方法论。诚然，要在一个章节内对思想活跃的两个世纪中的“人、物”关系做出不偏不倚的评析，有些不切实际，所以，我会甄选出近代早期学者在论述这一关系时的共识性问题，并加以阐释。

亚里士多德的哲学传统

亚里士多德（前384—前322）的哲学著作在13世纪就广受追捧，那些曾被奉为权威的经典理论，不仅深刻塑造了中世纪的学术思想，其影响力也同样延伸到了文艺复兴时期，呈现出显著的连续性（图1-1）。而后，托马斯·阿奎那（Thomas Aquinas，1224—1274）尝试引入亚里士多德哲学思想来诠释基督神学，从而建立起了庞大的经院哲学体系。这种哲学传统在近代早期的欧洲大学中一直主导着逻辑学和自然哲学的专业教学活动，尽管当时亚里士多德的哲学遗产已屡遭后世诘难。除了亚里士多德主义，15、16世纪还

图1-1　青铜雕像，14世纪末（15世纪初）荷兰南部的作品。摄影：阿托科洛罗/阿拉米公司

发展出两股新兴哲学思潮：一是试图用严谨的哲学方法检索和重构古希腊与古罗马文本，以及《圣经》的人文主义，其倡导者醉心于讨论道德问题和传统逻辑；二是基于柏拉图（约前429—前347）学说的新柏拉图主义，新柏拉图主义者对形而上学、宇宙学问题、诗歌和文学情有独钟。

如果运用亚里士多德的形而上学和物理学解读器物与器物研究的早期现代理念，要遵循的基本原则是：（1）物质与变化形式学说；（2）现实的可理解性；（3）宇宙是一个有限的球体，分为天地两层。

首先，亚里士多德形而上学的出发点，是物质观及其与存在形式的关系。无论有无生命，所有实体皆由物质和形式这两种形而上学成分构成，物质在经历形式变化时具备无限潜力。譬如，当艺术家锻造青铜时，其金属性尚在，但形式发生了变化——铜块变成了雕塑。青铜这种物质固然可被锻造成任意器物，但只有被塑形后才能成为雕像。因此，即便形式与物质密不可分，但任何实体或材料皆由形式定义。中世纪传统着眼于辨别实体形式和偶性[1]形式的差别，任何实体都必定至少有一种实体形式或本质形式，但可以有多种多样的偶性形式或非本质形式。恰如长大成人后的孩子，身心特征发生变化，但本质仍然是人，这是孩子们的实体形式。

其次，物质的现实性意味着物质的运动和变化都遵循同一法则，且这些法则简单易懂。任何人都能凭借感觉，评估自身及其周遭环境的内在构造和运转机制。从事科研活动时，学者们往往根据先验知识对新事物做出感知和判断，进而理解其本质特征。最终，每一门科学都将利用数据编织的论据，而不是观察者的主观意志，去论证和揭示事物的本质。因此，科学研究不是报道事实，而是利用已知推论未知。

第三，亚里士多德将宇宙分为天地两个半球，认为地球是宇宙的中心。地球表面易损且不断处于变化之中，而太阳、月球、行星、恒星只能做永恒的圆周运动。天体由一种元素“以太”构成，地球则由土、水、气、火四种元素组成。这五种基本要素皆有其独特的

1 偶性，是英国哲学家托马斯·霍布斯借用亚里士多德的概念，所提出的一个重要的哲学范畴。所谓偶性，不是事物可有可无的性质，而是事物的一切性质，存在于事物自身。—— 编者注

运行方式，每一物质实体根据其元素属性寻得自然位置的内驱力。比如，橡树果具有向上长成橡树的潜能，而大地上的一颗石子往往会径直落向地心。

柏拉图式愿景

从尼古拉斯－库萨（Nicholas of Cusa）[1]集神学、哲学与神秘主义为一体的著作可以看出，很难给思想家简单粗暴地贴上所谓“中世纪”或“现代”的标签。德国红衣主教深谙人文主义与学术研究之道，但其思想流派主要基于新柏拉图主义。尼古拉斯－库萨的代表作《论学而无知》（*De docta ignorantia*，1440）体现了作者高度隐晦而神秘的写作手法。与亚里士多德的观点不谋而合，尼古拉斯也认为宇宙处于不断变化和运动状态，但他又进一步提出，宇宙既没有“上”也没有“下”，而是无边无际，没有中心。

“折叠”二字是尼古拉斯现实观的关键词条。虽然众生都被折叠“包裹”在他们神圣源泉的无差别合一性中，但它们同时也是上帝在时间和空间上的“展开”。新柏拉图主义哲学认为，万物来自上帝，又复归于上帝，上帝既存在其中，又不存在。这样一来，人的知识水平最多只能无限接近上帝眼中的“真相”，力求“相似”。换言之，神与人的思想总会在某些认知层面达成一致。宏观的宇宙总是以微观形式存在于每一个实体当中，所以，人类拥有不竭的知识源泉，但总是不能完全领会“神意”。

---

1 尼古拉斯－库萨（1401—1464），德国天主教枢机主教，中世纪最伟大的神秘主义思想家、法学家、天文学家、实验科学家、哲学家、数学家、光学家、古典学家、医师和近视镜的发明者。—— 译者注

在《头脑中的门外汉》(*Idiota de mente*，1450)一书中，尼古拉斯通过一位雕塑家的作品阐释了本体论与认识论之间的相互联系。这位雕塑家先用石蜡制作实物模型，然后在模型上精雕细琢。在尼古拉斯看来，人类头脑就如同这个留下实体形态的石蜡一样，会在理解了认知对象以后将其内化，然后，石蜡中的“大脑”会把石蜡塑造成任何它能感知到的形状，并形成概念。据此，他声称，“思维是万物的界线和尺度”，人类变得像所知事物的可知特征一样，我们塑造了概念性的衡量标准，并以此来衡量已知的事物。

另一位新柏拉图主义的早期现代哲学家马尔西利奥·费奇诺(Marsilio Ficino，1433—1499)也在《柏拉图神学》(*Theologia platonica*，1482)一书中论证了物质的可知性。他认为，物质可以不依赖于形式而被理解。被宗教裁判所视为“异端”，于1600年烧死在火刑柱上的乔尔丹诺·布鲁诺(Giordano Bruno,1548—1600)在《论原因、原则与本原》(*De la cause,principio et uno*，1584)[1]一书中对此进行了深入阐释。布鲁诺断定，物质本身非常活跃，其存在形式(有形或无形)变化无穷。物质是无限的，因此，宇宙也是无限的。

修正亚里士多德主义

早期现代哲学家曾从不同层面对亚里士多德传统学说进行修正。

---

1 《论原因、原则与本原》一书是布鲁诺的主要哲学代表作。从19世纪初到20世纪中叶，先后被译成德、英、法、俄、西、匈等多种文本。该书确证：宇宙是无限的、永恒的、统一的，有无数可居住的世界在宇宙中运动，太阳系只是其中之一，有力地驳斥了地心说，发展了哥白尼的日心说。——译者注

这其中，有人试图更改亚里士多德学说的主要思想原则。譬如，贝尔纳迪诺·特勒肖（Bernardino Telesio）认为，物质是由被动物质和主动力构成，而不是形式。力通过热胀冷缩的动态变化主导所有实体的存在形态，实体便因此存在于世，所以自然界万物皆有冷热，但这种感觉与人体感官机能无关。

特勒肖的形而上学并没有对文艺复兴时期的思想产生显著影响，他的主要贡献是进一步提炼了推理与观察的关系。特勒肖认为，知识绝非一套概念性结构，而应基于经验感知。后世的一些科学家，如弗朗西斯·培根（1561—1626），称其为“现代科学观察的先驱”。然而，特勒肖眼中的观察概念不仅指一组组感知数据，还是一种包括类比思维在内的更宽泛的心理过程。

除了物质概念，物质构造也是文艺复兴时期的一个关注点。瑞士的炼金术士、医生和占星家德奥弗拉斯特·冯·霍恩海姆（别名帕拉塞尔苏斯，Theophrastus von Hohenheim，or Paracelsus，1493—1541）曾试图找寻一个可以简化物质与元素构成的理论，后来，他在亚里士多德四元素说（气、火、水、土）基础上确立了物质三元素理论，这三种元素分别是硫、汞、盐。

另一个讨论话题是亚里士多德的“自然最小质”概念，即物质在保持其基本特性不变的同时可被分割成的最小部分。经院哲学派对自然最小质和无限可分性的调和统一尤为感兴趣。早期现代的新柏拉图哲学和伊壁鸠鲁派哲学中也有涉及无限可分性的问题，旨在阐述原子论的不同形式。如朱利叶斯·凯撒·斯卡利格（Julius Caesar Scaliger）认为，“最小”不仅是概念上的不可再分，而且是真正物理结构上的不可再分。

基于亚里士多德哲学构建出的物质与宇宙相似性模型表明，每个人在这个世界上感知到的知识都是一致的。事实上，即使由人类感知而来的知识与外界衡量出的知识之间的差异已经显现，但主观观察与客观观察之间，或知识形式之间依旧没有明晰界定，同样，哲学、神学、物理学、炼金术这些学科间的界限也不清晰，但区别日渐明显，只是学科的层次结构划分尚存争议。

亚里士多德主义到早期现代科学的转变，有时也被描述为从理性推断到经验观察的转化，但这种结论未免过于简单。实际上，现代科学的出现是基于一种关于如何感知现象的新理念，不单单是一组新的观察结果，更重要的是，定义全部观察结果的概念化结构发生了变化。总之，亚里士多德的科学理论感知的是运动的物体，而现代科学专注于物体的运动。

早期现代的亚里士多德主义灵活多变，甚至可以融入前所未见的经验。然而，在天文学等学科中，得益于先进测量仪器和数学知识的广泛运用，对天体的最新观测结果往往与早期假设论点互相矛盾，但并无完善理论可依。15世纪，约翰内斯·缪勒·冯·哥尼斯伯格（Johannes Müller von Königsberg）在计算1472年一颗彗星远距离运行路程时，没有对亚里士多德提出的彗星在月球下运行的说法提出质疑。相反，第谷·布拉赫（Tycho Brahe，1546—1601，丹麦天文学家）于1577年发现一颗新的亮星时，力证它不存在可观测视差后，第谷断定，这是一颗在天体中诞生的超新星，而这个天体曾一直被认为是亘古不变的。

16世纪天文界最具影响人物当数尼古拉·哥白尼（Nicolaus Copernicus），尽管中世纪学者早已意识到托勒密天文学和地心说存在问题，但哥白尼于1514年以前所撰的《短论》（*Commentariolus*）是最先指明太阳是宇宙中心观点的著作。但这篇摘要当时仅在一个小学术圈内流传，不像《天体运行论》（1543）那样确立了新模型。

约翰尼斯·开普勒（Johannes Kepler）则在哥白尼学说的基础上又向“日心说”迈进一大步。他在《宇宙的奥秘》（*Mysterium cosmographicum*，1596）一书中论证了行星运动周期和它们与太阳距离的关系，从而改进了哥白尼模型。开普勒基于他的神学信念而支持哥白尼，他认为，太阳是上帝，天体是圣子，两者之间的空间是圣灵。但第谷·布拉赫主张，行星围绕着太阳转，而太阳围绕着地球转。

除了开普勒和布拉赫之外，布鲁诺也发展了哥白尼的思想。1584年，他发表了两部重要的对话体哲学著作，《星期三的灰烬晚餐》（*La cena de le Ceneri*）和《论无限宇宙和诸世界》（*De l'infinito universo e mondi*）。在其著作中，布鲁诺声称，宇宙是无限的，不存在天、地两个球体。此外，在无中心的宇宙中，各部分之间没有自然运动或等级差异。

哥白尼、开普勒、布拉赫、布鲁诺等人固然在其所处时代声名斐然，但关于其理论的争议一直贯穿整个16世纪。与此同时，另有其他知名学者也进一步完善了亚里士多德的哲学框架。比如贾科莫·扎巴雷拉（Giacomo Zabarella）就坚信，艺术和科学自古以来便泾渭分明。其中，科学是研究永恒自然世界的冥想训练，而艺术关注的是不确定的人类世界。科研的对象是真切存在的可知事物和科学家的头脑；科学家的任务不是创造新事物，而是编排、理解已知而永恒事物的存在形式；相反，艺术的真谛在于创新。

医药

基督教神学视人体为物质与精神的角斗场。身体将人类与罪恶、痛苦和死亡联系在一起，只有通过精神上的超越才能自我救赎。尽管痛苦和死亡不可避免，但世俗观念也将身体视为生命之源、快乐之地、表达之所，通过肉体去感受用餐和劳动的愉悦。富人们则热衷于在鹰猎、格斗和浪漫文学创造活动中，来感受身体的活力。

医药的作用在于尽力减轻身体的痛楚。扎巴雷拉在划分学科层级的问题上与时人主张不同，他认为，医学不属于自然科学的分支，而是一门艺术，因为行医不是为了获得知识，而是为了改善健康状况。无论医药在科学等级中处于何种地位，它在很大程度上也根植于亚里士多德哲学体系中。人的身体是有活力、有灵性的，构成肉体的四种元素相互作用，改善人体体质。

早期现代医学实践主要围绕古罗马医学家克劳迪亚斯·盖伦（也被称为帕加玛的盖伦，Galen of Pergamon，129—199）的论著展开，他的“体液说”结合了亚里士多德、希波克拉底和柏拉图三位哲人的相关理论以及中世纪医学家阿维森纳（或称为伊本·西拿，980—1037）的著述。体液学说中的四种体液分别是血液质、黏液质、黄胆汁（或胆汁质）、黑胆汁（或抑郁质），且各具四种属性——热、冷、干、湿。体液的平衡状态决定身体及其体内各器官的运转能力。此外，这四种体液还决定自然肤色或性情，影响情绪、认知和性格。通常，体液保持一定的平衡状态，如果分泌过多，便会发生疾病。在当时的中欧和西欧，这些关乎人体机能和健康的知识已经在生活实践中被大众广泛接受，掌握这些常识，有助于人们了解自己的身体状况，在生活起居中学会从六个方面掌控自己的健康，即环境、饮食、睡眠、锻炼、通便和情绪。

伪亚里士多德著作《面相学》中的“相面术”有一个核心原则，就是了解本人的身体状况，就能够通过“察言观色”，尤其是“面相”，来判断他人的命运吉凶以及健康状况。其中，意大利自然哲学家古木巴蒂斯坦·德拉·波尔塔（Giambattista della Porta，1535—1615）所著的《论人类面相学》（*De humana physiognomonia*，1586）是早期现代有关面相学的标准文本。书中认为，除了内在性格，人体素质还与周遭环境密不可分。因此，个体或群体的居住地也塑造着我们的身体或认知构成，当代地理文学对此有专门论述。

炼金术与魔法

“相面学”在欧洲活跃了相当长一段时间，但最终在19、20世纪被拒之门外。占星术和炼金术的命运也大抵相同，这两个学科因性质更接近魔术，而被视为天文学和化学发展过程中的异常现象，但这种描述其实并不准确（图1-2）。炼金术、占星术和魔术在早期现代学术中占有重要地位，当然，也不乏质疑声。比如，意大利哲学家乔瓦尼·皮科·德拉·米兰多拉（1463—1494）对占星术的攻击就曾轰动一时。他认为，这个学科否定了基督教的自由意志教义。

占星术认为，人类命运的微观世界受到宏观世界或行星运动的影响；与此同时，炼金术也同样强调了微观世界与宏观世界的相似性。这一主张的目的是净化和完善器物，尤其要将贱金属变成贵重金属。炼金术传统源自中世纪晚期的学术作品，后在《赫尔墨斯文集》的加持下逐渐增强权威，这本文集集中论述了神性、宇宙、心灵和自然等神秘哲学和非常实用的魔术。后来，该作品被公认为2

图1-2 魔法器物，据说为伊丽莎白一世（1533—1603）的顾问、英国学者约翰·迪（John Dee，1527—1608/1609）所有。版权所有：伦敦大英博物馆

世纪埃及-希腊化时代[1]（Egyptian - Greek）的智慧文学作品。意大利思想家马尔西利奥·费奇诺（Marsilio Ficino，1433—1499）于1471年出版了该文集的拉丁语版本。

早期现代最著名的炼金术士是帕拉塞尔苏斯（或霍恩海姆），他强调说，宇宙是由交感和同情编织的网格，并将不同尺度的现象连接到一起。尽管帕拉塞尔苏斯并不反对亚里士多德的“四元素说”，

1 希腊化时代指从公元前330年波斯帝国灭亡到公元前30年罗马征服托勒密王朝为止的一段中近东历史时期，这段时期地中海东部原有文明区域的语言、文字、风俗、政治制度等逐渐受希腊文明的影响而形成新的特点，在19世纪30年代以后逐渐被西方史学界称为“希腊化时代”。——译者注

但他坚持找寻一种能够衍生出四种元素的物质，并将这种假想的物质命名为“通用溶剂”（Alkhest），据说是一种能够让物质发生转变的魔法石。此外，帕拉塞尔苏斯还发现，人体功能的原理与炼金术相同：器官可以净化身体中的杂质，因此，他还曾研究过如何将化学物质和矿物质用于医药临床。

当炼金术士忙于寻找提纯金属的良方时，另一些学者在不断探索着金属和材料的实用价值。德国矿物学家乔治乌斯·阿格里科拉（Georgius Agricola，1494—1555）对矿石及其处理方法进行了细致观察，他的开创性著作《论金属的本质》（*De re metallica*，1556）描述并开发了采矿、提取和精炼矿石以及金属冶炼的技术。

相比于炼金术或占星术，人们对魔法似乎怀有更深的成见，认为它是一种游离在宗教和科学以外的实践和思想。然而在近代早期，魔法并不是一种边缘性活动。魔法在早期学术和日常生活中也是一套复杂的信仰与实践，比如，帕拉塞尔苏斯就曾指导人们如何根据炼金术原理制作护身符。

现如今，如果将某种“超能力”归类为魔法，则无异于将其边缘化，但在早期现代的宗教领域，魔法都有自己的道德准则。如果一个人相信圣餐变体论（transubstantiation），或者相信基督和圣人的神奇力量，那不能称之为魔法。基督教和非基督教传统以及关于神性和超自然的思想，后来渐渐融合到了日常生活观念中：圣人、圣餐、避免流血、对抗邪恶和古典医学同时成为早期现代思想不可分割的一部分。

话虽如此，对于一些早期现代学者来说，宗教和魔法领域之间确实存在着明确的界限。彼得罗·蓬波纳齐（Pietro Pomponazzi）

在《论咒语》(*De incantationibus*，1556)一书中指出，人们之所以将某种现象视为魔法或奇迹，是因为尚未识别其背后的原理。同样，卢多维科·博卡迪费罗(Ludovico Boccadiferro)、杰拉德努斯·布科尔迪安努斯(Gerardus Bucoldianus，1527—1594)和西蒙·波齐奥(Simone Porzio)在解释大灾难或怪物出现等奇妙事件时，更倾向于从亚里士多德那里寻求佐证。

另外，受天体美德的影响，意大利哲学家德拉·波尔塔(Della Porta)坚持用同情或神奇的逻辑看待事物之间的联系。威廉·吉尔伯特(William Gilbert)在《论磁石》(*On the magnet*，1600)一书中讨论了光学和磁学问题，他研究磁学和地球自转的基础，是基于科学实验和对“地球灵魂”的深信不疑。

魔法往往通过隐秘操作让看似无生命之物焕发活力，同样，人们在欣赏自动机械装置独立运行的过程中也会产生好奇心。这种精巧的装置在精英阶层中很流行，有几位著名艺术家将自己的手工之作送给有钱的客户。达·芬奇就曾为许多自动装置画过草图，还曾制作过一只“机械狮子”。1515年，在里昂的一次皇家宴会上，朱利亚诺·德·美第奇(1453—1478)将它赠送给了法国国王弗朗西斯一世(1494—1547)。

长寿器物

文艺复兴时期的器物不但以工艺和材料闻名，还以“高龄”著称，这一点从17世纪早期荷兰的静物画中可以看出端倪，比如，其中一些家庭场景画中出现了距离当时已有20年甚至100年历史的陶罐，选择这些具有年代感的器物作为描绘对象，说明彼时人们已经有了收藏古器物的意识。对器物寿命的欣赏和敬畏是开展文物研究的基础，细致观察、描述和编目是这个学科的典型科研方法。

几个世纪以来，一直是欧洲景观点缀的废墟和古迹开始以不同的身份走进大众视野，成为珍贵的信息源。在意大利，人们首先认识到批判性评估古代文本的价值，以及将其与现存罗马纪念碑进行系统比较的意义。学者、文学家尼科洛·德·尼科利（Niccolò de'Niccoli，1364—1437）和波焦·布拉乔利尼（Poggio Bracciolini，1380—1459）把搜寻工作从古文稿扩展到了古碑文；人文学者、古物学家安科纳的西里亚克（Cyriac of Ancona，1391—1459）不仅足迹遍布地中海遗迹，还在途中绘制废墟图，抄写碑文（Schnapp）。历史学者弗拉维奥·比昂多（Flavio Biondo，1392—1463）发表了一篇对古罗马地形进行系统重建的论文《修复的罗马》（De Roma instaurata ，1444—1448）和一本关于意大利半岛的作品《彩绘意大利》（*Italia illustrata*，1474）。

1515年，教皇利奥十世（1475—1521年）委托拉斐尔（Raphael，1483—1520）建造圣彼得教堂。他指示建造者要格外留意可能出现的文物，一旦发现，只有经他允许才能拆除，并将其用于装饰新建筑。在1519年给教皇的一份备忘录中，拉斐尔描述了一项对罗马纪念碑进行系统调查的计划，但直到16世纪后期，罗马古物学家才开始系统地调查和绘制这些遗址。拉斐尔的调研方法和著作最初只在意大利宫廷学者中传阅，后来流传到了欧洲其他地区。除此之外，第一本关于古代服装的著作《服装》于1526年问世，作者是拉扎尔·德·巴伊夫（Lazare de Baif，1496—1547），这部作品广泛参阅了古文献和古遗迹的研究成果。

在拥有大量希腊、罗马文物的意大利和法国，学术研究的焦点一直集中在地形、纪念碑、硬币和碑文上。但在阿尔卑斯山以北地区，相关领域的古代文献十分稀缺，那里的古文物研究任务也因此更加艰巨。不过，当地的文物资源可以用来支持君主制、国家和城市生活的政治主张，这为学者们深入研究古代遗迹提供了资金和动力。比如，为了帮助神圣罗马帝国自由城市找到意图独立的“依据”，德国历史学家西吉斯蒙德·梅斯特林（Sigismund Meisterlin，1435—1497）开始着手研究德国城镇的历史起源。1458年，梅斯特林完成了《奥格斯堡纪事》（*Cronographia Augustensium*），其研究涵盖了拉丁碑文和其他文物（图1-3）。在1530年出版的《巴伐利亚编年史》中，约翰内斯·阿文提努斯（Johannes Aventinus，1477—1534）甚至提出，要像珍视文物一样重视古文献的价值。

图1-3　罗马人在建造奥格斯堡，摘自西吉斯蒙德·梅斯特林的《奥格斯堡纪事》，1522年版。图片来源：因特福托/阿拉米图片库有限公司

北欧居民很早就确认他们的祖先是哥特人。1434年，尼古劳斯·拉格瓦尔迪主教（Nicolaus Ragvaldi，约1380—1448）宣称，瑞典是欧洲历史最古老的国家，但直到16世纪末，斯堪的纳维亚学者才开始系统收集北欧文物，并将它们与历史著作联系起来。1555年，奥劳斯·马格纳斯（Olaus Magnus，1490—1557）出版了《北方民族史》（*Historia de gentibus septentrionalibus*），该书以天主教为目标读者，内含大量的民间传说、风俗与古代遗迹描述。与此同时，人文学者约翰内斯·布勒斯（Johannes Bureus，1568—1652）深入研究了“符文”[1]，并收录了数百块符文石头。

古物学研究的新方法之一是引入对地形的历史分析，这种英式学术传统的基础是对景观中的纪念碑进行分类和分析。除了探究地上的废墟，一些学者还对地下古遗迹产生了浓厚兴趣。哈布斯堡皇帝马克西米利安一世（Emperor Maximilian I，1459—1519）就是一位狂热的古董收藏家。1495年，为了收集遗骸文物，马克西米利安一世竟然在沃尔姆斯会议（Diet of Worms）[2]上打开了神话英雄齐格弗里德（Siegfried）的坟墓，据说，这一做法是因循了中世纪晚期的惯例。尼古拉斯·马沙尔克（Nicolaus Marschalk）则是第一个为探究历史问题而挖掘遗迹的学者。在他的著作《赫拉克勒斯和汪达尔人编年史》（*Annalium Herulorum ac Vandalorum*，1521）中，马

1 符文，又称伦文字或北欧古文，相传由奥汀所创，共分成三组，每组八个字母，每个字母都有各自的含义及代表的神话。—— 译者注

2 沃尔姆斯议会是神圣罗马帝国在德国莱茵河上的小镇沃尔姆斯举行的议会，于1521年1月28日至5月25日举行，由神圣罗马帝国皇帝查理五世主持，会议因马丁·路德赴召受审而闻名。—— 译者注

沙尔克研究了巨石纪念碑和古墓之间的区别。他认为，前者与古希腊神话英雄赫拉克勒斯有关，后者与一个斯拉夫部落关系密切。

如果没有可以参考的碑文和古文本，古遗迹和文物研究便失去了有力佐证。在过去相当长的一段时间内，人们倾向认为，史前燧石箭头和工具都是雷电留下的遗迹，因此可以用作魔法的保护装置，类似的自然主义观点还被用来解释在史前墓地发现的古代陶器。事实上，关于地下丧葬沉积物的由来，一直是16世纪最激烈的辩题之一。各种解释层出不穷，有人荒诞地认定是地下矮人所为，有人猜想是地下火灾形成的地质构造，也有人试图从考古学或文化视角解读。乔治乌斯·阿格里科拉在《矿冶全书》（*De natura fossil*，1546）中指出，德国的一种瓮是当地异教徒用来保存尸体灰烬的骨灰盒。然而，直到18世纪，人们才在这个问题上达成共识。

器物中的“他者”

早期现代关于古器物的文本叙事，与当年欧洲人发现美洲原住民后的话语模式非常相似，集中体现了书写者的“他者”（otherness）思维。与史前发现一样，学者对新族群以及他们的传统与器物总是充满无限好奇，而普通民众则对土著人的民族志和插图充满期待。为此，专家们特意引入了当年为研究古罗马传统而创作的概念框架，何塞·德·阿科斯塔（José de Acosta，1539—1600）和巴尔托洛梅·德拉斯卡萨斯（Bartolomé de las Casas，1484—1566）的作品就是典型代表。彼时，不同时代的学者们采用了基本相似的研究方法，即对自然与文化现象进行编目、说明。

除了方法相似，两种话语模式还有许多其他共同之处。当没有必要或没有理论框架来概念化文化差异时，早期现代作家和插画家会求助历史悠久的欧洲传统来描绘那些怪异或非凡之物。在他们的文字中，印第安人常被描述为多毛且形似野兽的中世纪野人形象，或那些用来装饰手稿和地图边缘的半人半兽。克里斯汀·R.约翰逊（Christine R.Johnson）认为，16世纪一些从未到访过美国的德国学者和商人，将美洲人和他们的物质文化渲染得神秘而疯狂，言辞中充满偏见。他们会这样做，不仅因为头脑中缺乏基本概念，更因为欧洲中心论思维令他们早就习惯了将所谓的欧洲认知实践凌驾于他人之上。

市场与货币的经济概念

15、16世纪，随着商业发展与创业精神的高歌猛进，早期形成的经济形势预测不断遭到质疑。从美国流通出来的商品和贵金属以及它们对欧洲经济的影响，使构建新经济模型成为历史的必然。在货币日益成为经济生活主导要素的大背景下，许多思想家开始关注它的特性以及在经济活动中如何定义货币价值。与此同时，他们还重新定义了道德健全的经济实践。

亚里士多德认为，经济学的实际目标和经济价值的基础是获得美好的生活。钱不是人类生而必需之物，而是一种用以促进交换的社会公约。货币的主要功能是衡量商品价值，因此，亚里士多德强烈谴责通过放债（或高利贷）来牟利的行为，认为这种交易违背了自然法则，没有任何积极意义。对高利贷的谴责和非议一直存在于中世纪晚期和现代早期的经济思想中。

托马斯·阿奎那则认为，金钱是社会生活中不可或缺的一部分，所以是一种自然出现的人类制度。他还分析了金钱与统治者之间的关系：尽管硬币可用来计量和收税，为统治者带来荣耀，但被融化后的硬币其材料的属性依旧不变。因此，他认为，货币的价值主要是由其内在物质（或所含贵金属/生金银）的价值来决定的。阿奎那还讨论了“公平价格”（just price）的概念，在他看来，这是社会和谐的关键。公平价格由生产成本决定，其中包括生产者的后期维护和货物的运输。因此，除非产品的生产成本增加或具有重大风险隐患，否则定价高于成本是不道德的。

经院哲学家们进一步发展了托马斯·阿奎那的理论，并对货币和价值进行了更加深入的分析。佛罗伦萨的安东尼大主教（1389—1459）关注到与社会福利相关的经济发展问题。他认为，出于道义、责任和社会利益的考虑，统治者应该控制经济事务，并且要格外眷顾穷人。安东尼还区分了自然（或客观）价值与使用（或经济）价值，他认为，经济价值由三个组成部分：客观价值（使用价值）、稀缺性和合意性。后者是购买群体对价值的共同估计，必然会有所波动，所以公平价格不是固定的，而是在一定范围内波动。

除了价值理论，早期的现代思想家还研究了货币的数量和价值之间的关系，为理解货币贬值提供了有益参考。许多经院哲学家认为，货币的价值是由控制铸造的统治者决定的，但加布里埃尔·贝尔（Gabriel Biel，1410—1495）则认为，货币的价值最终不是由统治者决定，而是由整个社会决定的。因此，降低货币价值无异于剥削，任何统治者都不应该违背道德，出此下策。

著名天文学家哥白尼也写过不少有关经济学的文章。1517年，他简要概述了“货币数量理论”，该理论认为，商品的一般价格水平与流通中的货币数量成正比。1519年，他还参与讨论了所谓的“格莱欣法则”（Gresham’s Law，1519—1579），尽管该规则主要与托马斯·格莱欣（Thomas Gresham）有关。该理论认为，如果货币的金属价值低于面值或商品价值，质量较高的硬币就会从流通市场中被驱逐出去。

新经济秩序与文艺复兴思想之间的紧密联系在16世纪的西班牙格外突出。弗朗西斯科·德·维多利亚（Francisco de Vitoria，1483—1546）等思想家创立了所谓的“萨拉曼卡学派”（School of Salamanca）[1]，并在全社会大力支持自由企业和私有财产的背景下，进一步发展了原有的经济思想体系。他们认为，自由合作和经济放任政策能够带来正义与和谐。迭戈·德·科瓦鲁比亚斯·莱瓦（Diego de Covarrubias y Leyva，1512—1527）主张人们对自己的财产享有专有权，神学家路易斯·德·莫利纳（Luis de Molina，1535—1600）指出，如果保留财产私有，所有者会把自己的财物经营管理得更好。此外，马丁·德·阿斯皮尔库埃塔（Martín de Azpilcueta Navarro，1493—1586）在1556年出版的《关于高利贷的终论》（*Comentario resolutorio de usuras*）中第一次系统而全面地阐明了货

1　萨拉曼卡学派是文艺复兴时期由西班牙神学家们发展集合而成的一个学术流派，以神学家弗朗西斯科·维多利亚等人的著作为主要根基。16世纪初期，随着世俗人文主义、宗教改革、和地理大发现的出现，传统天主教教会抱持的世界观、有关人类和上帝启示的概念逐渐受到挑战。萨拉曼卡学派便是为了解决这些问题而形成的，学派的名字来源于萨拉曼卡大学。这个以神学和法学为基础的学派，试图将托马斯·阿奎纳的学说与新出现的经济秩序相融合。学派研究的重点在于人类整体以及个人所面临的实际问题（道德、经济学、法律学等）。—— 译者注

币理论。他还分析了贵金属从拉丁美洲到西班牙的流通状况，认为在贵金属稀缺的国家，其价格会上涨。实际上，黄金和白银与其他商品无异。

经济学道德立场的改变是金融业发展的必然要求。在对法国通货膨胀进行了系统研究后，让·博丁（Jean Bodin，1530—1596）分析了几个造成价格上涨的可能性原因，其中包括对奢侈品的虚荣需求和货币贬值，但通过仔细分析价格记录，他认为西班牙的贵金属流动才是主要原因。此外，近代早期的人们已不单单为了消费而借钱，生产也是重要目的之一，欧洲宫廷和贵族当然深谙此理。拒绝高利贷自然是行不通的，萨拉曼卡学派提出支付利息，理由是，既然货币本身是一种商品，使用它也应该使所有者受益，而利息可被视作借贷者为贷款方承担风险所支付的额外费用。

随着商业和货币经济的发展，欧洲君主的金融与政治权力不断增强，于是他们开始制定新的经济政策来保护国家的收入来源和地区市场。所谓保护，即在军事力量上加大投资力度。这种政治演变直接导致重商主义的萌生，尽管这种观点从未形成连贯的经济理论。毋庸置疑，国际贸易不可能使所有国家平等受益，贵金属虽然有限，却是价值的源泉，大量囤积金银必然可以促进贸易增长，提高国民收入。出口带来的收益极有可能被进口抵消，因此，君主们要通过提高关税鼓励出口，抑制进口。

近代早期的珍稀文物

在15、16世纪的欧洲，当人们开始调和、理解迅速变化的知识、物质和社会现实之时，器物的中心地位便凸显出来；当商品流通网络日益扩大、密集，物质与知识交流节奏不断加快之际，知识来源——对器物的感知、对其内在属性与价值的理解——基础也发生了转变。

新的生产、运输、商品化和器物研究形式衍生出新知识、新技能和新行业，即艺术家、工匠和商人，这些人的技术能力和艺术能力虽然不同，但互相影响，关系密切。埃克塞特大学教授杰拉尔德·麦克莱恩（Gerald MacLean）指出，商人高度关注商品细节，因此，他们对委托制作的艺术品也提出了更高的要求。与此同时，大量的奢侈品，如丝绸、地毯、家具、珠宝、金属制品和玻璃，以当代绘画、雕刻和其他艺术表现形式走进了大众视野。有时，器物、职业和匠人的完美组合会带来意外惊喜。最典型的例子是陈列在古董柜里的史前陶罐和其他手工艺品摇身一变，成为珍贵收藏品；古代的瓮装上新金属盖子和底座便魅力四射，倘若把16世纪的陶器装饰一新，也一定会惊艳四座。

另一个“合作与联系”的典型例子，是运用工匠形象来对物质和形式进行形而上学的分析。艺术家通常会用蜡来制作临摹造型，尼古劳斯用蜡做媒介物，描述了活跃的头脑与它所感知到的物体之间的关系。在早期现代哲学中，用艺术家的创作过程来类比物质、形式和思维的关系非常普遍。除此之外，学者已经注意到，文艺复兴时期人们对艺术和艺术品的认识发生了巨大变化。工匠们精通天工之巧，并在实践中积累了宝贵经验，这种与世界有形而积极的互动引起了早期现代哲学家和科学家的研究兴趣，他们由此认为，人类的感觉是形成认识论的关键。大卫·萨默斯（David Summers）甚至认为，绘画、雕塑和其他视觉艺术中的自然主义表现形式为学术研究提供了崭新的分析视野和思维模式。相反，乌林卡·鲁布莱克描述了艺术家与工匠如何看重并利用产品的材料特性，同时强调了技艺的重要性。对材料的高度重视，使器物研究变得更加有意义。这不禁让我们想起了圣餐仪式中的器物和其他圣物，人们总是通过强调其物质属性，来揭示它们的神性。

亚里士多德关于“形式与物质”的概念，在早期现代思想中并没有完全被否定，而是被放置在一个强调观察和实验的新框架内加以解读。事实上，科学家与艺术家的工作非常相似，都要把形象和数学运算结合在一起，但前者的社会地位明显高出一等。在物理学领域，从感知物体运动到观察物体运动的转变，奠定了“日心说模型”的基础，从而否定了亚里士多德所谓“天界与地界”的划分。而在其他学科（比如医学），亚里士多德理论的基本原则仍具有重要指导意义，并不断被发展完善。

1587年，安东尼奥·奥古斯丁·伊·阿尔巴内尔（Antonio Agustín y Albanell，1516—1586）在《勋章、铭文与其他古董的对话》（*Diálogos de las medallas，inscripciones y otras antigüedades*）一书中乐观地表达了他对实证性证据的信任，他写道，“与作家的文字相比，我更信任奖章、石碑和石头”。事实上，对15、16世纪的学者来说，器物与其象征物不仅可以帮助他们解密古代文本，还可以帮他们更好地理解现实世界。现代早期人们偏爱类比，热衷于揭示事物表象之下的支配性原则，这就使得器物研究成为认识世界的敲门砖。而要破译古今文物的隐藏密码，则需要我们对数目庞大的文物进行细致的描述、编目和比较。

第二章

技术

文艺复兴时期的全球造物、识物、遇物

苏瑞卡·戴维斯

文艺复兴时期的“技术”是什么？对21世纪的读者来说，“技术”是智能手机、飞机、器官移植的代名词，也是人类正在从根本上改变地球和自身身体的过程和物体。在文艺复兴时期（从13世纪末到17世纪初）[1]，还没有哪种人造物品被明确地归为“技术产品”

1 “文艺复兴”一直被广泛用于指代1300年至1700年这样一个时间段，或（在其最初的意义上）指代一场特定的知识文化运动，其时间、范围因地域而异。“文艺复兴”一词在18世纪晚期之前只是偶尔使用，最初用来形容一种新颖独特的研究古典的语言学和历史学方法。彼时，西方拉丁语世界的学者们在致力于重现古希腊和罗马物质文化与学术成就的过程中，从被他们称之为“中世纪”的已知或被发现文本中剔除了很多错误解读和观念，他们认为这段时期标志着古代经典与经典复兴之间的决裂。这场从托斯卡纳地区以不同的时间和速度传播到欧洲各地的学术运动被称为“人文主义”，其人文教育理念直接重塑了艺术、文学，以及人们对自然、物质世界与政治的研究态度。当前的学术界采用了不同方法来标记这一人文学术和文化生产运动的起始时间。例如，艺术史学家可能会认为乔托（1267—1337）是文艺复兴时期的代表画家，而英国文学学者则习惯于视莎士比亚（1564—1616）和安德鲁·马维尔（1621—1678）为文艺复兴的“标杆”。—— 原书注范畴，毕竟，“技术”一词乳臭未干。但一方面，那些由机械艺术（一组涉及制造和认识的实践学科）创造的人造物品可以被归为“技术性”人工制品，这些制品通常能够帮助人类扩展身体能力，如沟通、运动、力量、速度和健康。另一方面，我们认为那些能够控制自然的人造创新技术也是科技产品，这些“技术”往往与那些跟魔法、自然和艺术相关的物品交织在一起（图2-1）。

如果说“再现古典”是对文艺复兴时期历史特点的传统表述，那么不间断的远洋航行、海外殖民活动以及大西洋奴隶贸易的出现则成为那个时代的部分决定性特征。这些开拓性事件无疑影响了欧洲人的物质文化观念及其他理念，也因此影响了他们的技术观念。拉丁美洲殖民历史学家马西·诺顿（Marcy Norton）在谈到早期现代大西洋世界的次级技术时，将技术定义为“过程和产品”。诺顿向读者展示了如何通过赋予“技术”一个广义概念，让欧洲以外的物品及欧洲本土不同等级物品之间的关联性更加引人注目。诺顿定义了各种产品、技术和过程，从农业（种植、准备和采集作物）到通信（包括设备和专业知识），到听觉和运动艺术（如音乐、舞蹈和猎物跟踪），再到建筑技术（用于住宅和家具）。我的定义与之雷同，主要包括以下方面：由人工制造或塑造的物体、物质和环境；人们制造、塑造物体或控制自然及其产品的技术和过程；沟通技术。下文我们将看到，这种粗线条的方法使我们更好地解释文艺复兴时期欧洲器物和技术的变化方式。

技术和物性在人工制品的概念上是交叉的。“Artifact”起源于拉丁词根“arte”（通过艺术）和“factum”（制造），指的是由人工

图2-1　德国或西班牙宝石、珊瑚、珍珠、黄金和银镀金吊坠，约为1500年左右的作品。现收藏于纽约大都会艺术博物馆。阿拉斯泰尔·布拉德利·马丁于1951年惠赠，收藏号：51.125.6

制造或修饰的物品，而非完全天然制品。然而，就人类活动和劳动的过程（或产品）而言，技术是不能与自然完全分离的：从人到自然，从人造到“天造”，这其中必然存在一个连续统一体，且事物也不可能在固定尺度上一成不变。因此，透过技术镜头书写文艺复兴时期的器物文化史就是书写人工制品的历史、书写它们的制作实践（物质文化和自然文化的区分原则）以及技术和认知对思维模式的影响。

本章将通过探究文艺复兴时期从业者眼中一组不同寻常的器物、技术、学科和语境，来展示14世纪晚期到17世纪早期技术上发生的文化变革及其反响。笔者还将聚焦两个见证了文艺复兴时期重大转变的历史语境：创造实践和认知实践之间的关系，以及欧洲人与海外技术的邂逅。当经验知识地位上升遭遇全球扩张，欧洲人的文化等级观念也随之发生变化，学者、收藏家、管理者和赞助者（包括皇室）开始反思来自海外、本土以及古典时代的物质文化。本章将用“人工制品”（artifact）指代人造离散物体，而用包括人工制品在内的“物体”一词指代更广义的有形物体，包括动物、植物等。

分类

在艺术和科学应用意义上的技术实践，相对于文艺复兴时期其他学科的地位，总是随着时间推移而变化，在任何特定时刻都不是固定的。要理解技术对文艺复兴时期人们的意义，就需要格外注意概念的分类（对物质世界的经验和物质事物的物理转化概念的分类）、注意这些概念与理论知识及其生产方式（图2-2）。

图2-2　设计师扬·范德斯特拉特（Jan van der Straet，又名约翰内斯·斯特拉达努斯，Johannes Stradanus）与雕刻师西奥多·加勒（Theodoor Galle）于安特卫普联合创作《现代新发明》（约1580—1590），图版7“蒸馏”。收藏号：1964.8.1581，华盛顿特区国家美术馆罗森瓦尔德收藏精选

拉丁语和欧洲方言中表示技术过程、实践知识以及通过体力劳动创造的人工制品（人们只用自己的身体，不借助其他物体、动物或外力）的术语是一系列部分重叠的词汇。其中，很多术语还以不同词形来表示抽象特性、人工制品和行动。例如，“秘密”（secret）一词（拉丁语secretus、法语 secret、西班牙语secreto）用来指代一种与神秘或禁忌知识相关的隐藏技术。再如，发动机（engine，拉丁语ingenium、法语engin、西班牙语ingegno）指代一种通过人类的技术和努力而制造出来的装置。

在文艺复兴时期，“发明”（制造新东西）与“发现”（发现已存在的东西）的语义区别很小，在语言表述上，两者都可指代“将新的人工制品带入现实”。拉丁语中“invenire”的意思是“发现”，但也有“发明”或“设计”的意思。从15世纪中期葡萄牙和西班牙船只开启长途航行之时，许多（甚至可能是大多数）在欧洲出现的新材料制品，要么是后世发现之物（后来可能衍生出新物品），要么是从土著居民处获取或掳走所得，而不是由个人发明设计和制造的新物品。[1]加州大学洛杉矶分校哲学和历史学名誉教授布莱恩·P.科彭哈弗（Brian P.Copenhaver）留意到，意大利学者、牧师和外交家波利多尔·维吉尔（Polydore Vergil，1470—1555）在1499年首次出版的畅销著作《论发明》（*De inventoribus rerum*）中，使用“invenire/inventor”（发明家）、“auctor”（发起人）和类似单词来表示“创造与发现”。

在波利多尔的方言翻译中，“发明”和“发现”也可以交替使用，这种延展性在当代方言中仍然存在。例如，在2002年伊·塔蒂（*I Tatti*）[2]研究中心编辑出版的波利多尔《论发明》一书的英文版中，科彭哈弗将农业领域的“发明”翻译成“发现”，但不论把农业视为在人类文化中偶然出现的技术，还是与自然持续、有意识接触

1 海外物质文化和技术对欧洲影响的文献数目不菲。近期最新案例为这些互动的文化意义提供了全新研究视角，其中包括诺顿（Norton，2008）、布莱奇马和曼考尔（Bleichman and Mancall，2011）、戈麦斯（Gómez，2017）、沃什（Warsh，2018）。——原书注

2 意大利佛罗伦萨人文科学高级研究中心，隶属于哈佛大学。该中心收藏了意大利原始艺术作品、中国和伊斯兰的艺术藏品，以及一个拥有14万册书籍和250000张照片的研究图书馆。——译者注

的结果，翻译成“发明”或“发现”都只是视角问题。托马斯·兰利（Thomas Langley）在1551年的英文节略翻译中把“发明农业”（inventa agriculture）翻译成“发现农业”，而那些“发现”草药的人则被称为“发明家”。对于兰利来说，“发明者”（deuseers）和“第一个发现的人”（first finder out）之间几乎没有语义上的区别。波利多尔的“发现和发明”涉及的范围很广，从文化实践（如宗教）到学术形式（如文科），到操纵自然的方式（如魔术），到技术手工艺品（如马镫和大炮），再到药物等物质的生产。[1]换句话说，在技术和其他涉及人工制品或人类工作的活动领域之间没有固定的边界。

自古希腊以来欧洲传统中，劳心者比劳力者享有更高的社会地位。亚里士多德甚至认为，既然机械师或体力劳动者无法在生活中实践美德，他们的工作中也没有道德提升空间，那么工艺从业者就不能成为真正的公民。但这种思想观念并未出现在文科教程中。中世纪，理论知识用拉丁语在大学传授，自然知识或自然哲学以亚里士多德文集为理论支撑；而工艺知识则通过行会管理的学徒制或在家中传授。到了14、15世纪，人文主义运动的浪潮推动人们与经典文本进行全新互动，人文主义者搜寻并研究古典文本及经典遗迹的成果最终走进了大学，成为大学教材。

文艺复兴时期，欧洲知识结构继续以古典传统为基础，并受到中世纪机构（特别是大学和行会）的影响，许多术语来自古典时

---

1 波利多尔·维吉尔的缩略版著作中包括“发明者”、“第一个发现的人”以及“艺术”、“牧师”、“宗教节日”、“平民”、教堂的“仪式、典礼”等词，以及一些近义词的词源。该段内容参考科彭哈弗编辑翻译的波利多尔·维吉尔著作。——原书注

期的文本传统。其中，知识框架基础则来自亚里士多德的著作，他将人类活动分为三个领域：理论、实践和创造；知识形式也按照类似思路划分，最初分为抽象知识和经验知识，或者理论知识和实践知识。理论包含系统知识（希腊语epistēmē）和科学知识（拉丁语scientia），科学是一系列最抽象的理论知识的集合体，也是关于世界的永恒特征及成因；是仅靠思维获得的知识，基于逻辑三段论或几何论证。经验知识包括实践（拉丁语“体验”）和技术。“实践”指的是一种依靠特殊知识对具体情况和形势做出判断的行动（如被记录成历史的“政治行动”）。“技术”指的是身体力行的物质生产。科学由最高深的知识构成，而技术则恰恰相反。科学和技术的区别反映了学术活动和手工活动的差异、人文艺术和机械艺术的不同，以及各自活动场所的区分。

“艺术”作为文艺复兴时期的一个类别与我们目前对技术的定义非常相似。它既指代我们现在所说的“美术”（那些能够给人带来审美享受的实物学科，如雕塑、绘画，以及文学等），也指代“技术”（其产品不提供审美功能的生产活动）。任何将天然之物打造成人工之形的实践都是艺术。[1]

在拉丁语和欧洲大陆的方言中，人工和自然以及它们的同源词的类别，因制造和认知的特定语境以及宗教、政治和哲学背景而异，所有这些都相互作用，产生了特定的主体性。就像法国哲学家、历史学家本索德-文森特（Bensaude-Vincent）和纽曼在描绘人们表达

1 这种区别可以追溯到古典时期，追溯到公元前5世纪晚期和前4世纪早期的希波克拉底文集。——原书注

艺术与自然关系的各种方式时所说的那样:“艺术是模仿自然?代表自然?模拟自然?完善自然?改进自然?伪造自然?违背自然?”类似的二元分类法虽然经常被使用,却一直有争议,很多物品同时具备天然属性和人工特征。此外,文艺复兴时期的词法和词典并没有“人工的”和“自然的”的现代区分,前者表示人工制品(由人类活动塑造),后者表示看起来不像人工制品的物品[1],因为人类一直在努力揭示天成之物的内在美德。

在实践中,没有任何人工制品可以完全脱离自然。自然存在于我们所认为的人造物品中,并随着时间的推移而改变它们。尽管人类技巧、意志和能力无处不在,但保存完好的木乃伊依然会分解,银器会生锈,显然,这些物品内在的自然物质是引起上述变化的源动力。同样,人们通常认为是天然的东西(从农作物到金属和矿物)也都经历了人类的种植、提取或加工的过程,有时甚至需要数千年完成。如果可以重新定义“自然”和“人工”范畴,那么两者应被视为一个连续统一体,而不是非此即彼。因此,技术可以被理解为对自然的延伸或完善(同时,也是人类能力的延伸)、对自然的挑战或反抗。

此外,在作物生长、微芯片诞生、木雕成形或通过化学还原矿石提炼出金属的过程中,自然终结与技艺开启的时刻完全取决于观察者所在位置和身份。人们认为,人的身体和性情会受到星体、气候、粮食等自然现象或物体的影响,因此,文艺复兴时期具有自然

1 关于早期古董陈列柜中的自然器物与“人工”或“机械”工艺品,本章稍后会作讨论。——原书注

属性和社会属性的人，并非不受外界影响的封闭实体。

制作与认知：实践与理论

技术与技术对象总是通过实践实现统一：制造人工制品（人造物体）需要去接触探索物质属性以及物质转化过程的相关知识。[1]文艺复兴时期的纯手工制作活动具有很强的实用性和技术性，从事这些活动的人，要么在行会控制的学徒培训中学过机械艺术，要么凭借自己对自然的探索和感悟来学习制造工艺。[2]

金属加工铸造是一项复杂的技术，这个过程需要制作者亲自实践、挑选工具、掌握材料性能，所有环节都完备无误，制成品才能实现内容与形式的统一。与之相似，炼金术的从业者也在利用自己的理论知识和技术专长去竭力模仿、完善自然。因此，文艺复兴时期的技术是建立在对自然运行机制的理解，以及产品制作的基础上。

受过大学教育的学者和经过学徒培训的工匠们在15世纪撰写了很多关于技术和实用艺术的文献。随着印刷术的出现，这些作品开始在欧洲加速流传。彼时，印刷术从莱茵河传播到整个欧洲，并在

---

1 目前有两个艺术、科学和实践的交叉项目“制作与认知”在研，即哥伦比亚大学的“‘工艺制作与科学知识’的交叉”和乌得勒支大学的“艺术中的技术，1500—1950年”（ARTECHNE-Technique in the Arts，1500—1950）。这些科研团队一直在研究北欧艺术和自然知识交叉领域的手工知识，以及手工艺者撰写的关于制作事物的实践如何生成自然知识的著作。——原书注

2 帕梅拉·H. 史密斯将工匠定义为通过学徒训练而非读书（尽管他们可能也读过书）来从事体力劳动的人。——原书注

意大利半岛北部和低地国家[1]得到广泛应用。当时风靡欧洲的作品内容丰富，从大炮制作到绘画，从炼金术到陶艺，覆盖了日常生活的方方面面。此外，技术实践和理论知识之间的关系日益密切，机械艺术的发展更推动了17世纪新科学中实证和实验方法的勃兴。此外，正如韦恩州立大学历史系教授埃里克·H.阿什（Eric H.Ash）等人所言，在近代早期（约1450—1800），实践领域的专业知识越来越成为经济繁荣和巩固国家权力的关键。

要了解文艺复兴时期的手工知识，人们不仅要拜读工匠们撰写的文字作品，还要研究他们的作品及操作过程。正如帕梅拉·H.史密斯所说："工匠可能会把现实与实物和对材料的使用联系在一起，我们可以将其理解为一种'物质语言'"[2]。因此，工匠们认为，工艺操作本身就是一种认知形式，是他们自己的认识论活动。

这样看来，实践知识与理论知识确实是密不可分的。工艺写作是一种模糊了机械艺术和人文艺术之间界限的写作体例，从业者书写自己的手工技艺（包括我们称之为艺术、科学和技术的实用知识），并将这些技能与更高地位的学科和职业明确联系在一起。手工艺者描述技术实践的作品在1400年左右开始走红，这一现象被帕梅拉·H.史密斯称为"技术写作的繁荣期"，随着14世纪60年代欧洲出现活字印刷机，其热度急剧上升，并一直盛行于整个近代早期。

---

1 低地国家，是对欧洲西北沿海地区的称呼，广义上包括荷兰、比利时、卢森堡，以及法国北部与德国西部；狭义上则仅指荷兰、比利时、卢森堡三国，合称"比荷卢"或"荷比卢"。地理学家们常把比、荷放在一起叙述，并称为"低地国家"。—— 译者注

2 史密斯在原文做了一个类比，他认为，如果文学家喜欢通过文字和文字运用技巧来构想现实，那么工匠们也有自己独特的"语言"。—— 译者注

技术写作文献用途广泛。在16世纪的德国，艺术家入门读物或艺术家手册为“未来的艺术家和工匠们”解释了如何以及为何制作图片，记录了专业人士的技术要领，描述了他们的艺术实践过程，并竭力完善因宗教改革运动而遭破坏的教育体系。

《秘密手册》是一套意图揭示一小群著名思想家、手工业者以及大自然不为人知的秘密的书籍，该系列采用了手册体修辞，即不向读者揭示事物背后的原理和原则，只负责告知哪些可靠的技术能够帮助人们充分利用自然之力。15世纪中期，德国活字印刷机的出现大大促进了这些文本的流通，其价格也随之下降。彼时，市面流行的《秘密手册》竟然数以百计（似乎已无“秘密”可言），尽管书中涉及行业机密，但确实起到了向大众普及制作技术的作用。

16世纪，曾化名阿莱西奥·皮埃蒙特塞（Alessio Piemonese）的意大利医生吉罗拉莫·鲁斯切利（Girolamo Ruscelli）在《秘密》（*On Secrets*）一书中，详细介绍了各种疾病的治疗方法、墨水和染料的制作方法，以及为了改变果实味道而控制种子的方法等。没有亲眼目睹或实践过的人并不一定能理解书中的这些配方，尽管如此，根据印刷手册说明去动手实践的可能大有人在。在华盛顿福尔杰莎士比亚图书馆中，有一本英国历史学家威利亚姆·沃德（Wyllyam Warde）翻译的《秘密手册》，上面出现的大量注释足以说明问题。这些批注出自多人之手，主要是墨水、石墨和银点的笔迹，从段落和文字下划线到段落侧边注释（用大括号或单词“note”进行标注），再到首字母M.B.（英文备忘录的简写），批注形式可谓五花八门。一种治疗儿童咳嗽的药膏下面批注着“漂亮”“我记下了”和“太棒了”。虽然这样的使用手册远不能满足一个求知若渴的新手，但足以为从业者提供重要的参考依据。例如，福尔杰莎士比亚图书馆的那本英译稿在正文前插入了一个额外的配方目录，以供读者注释。

文艺复兴时期的一些工匠和学者把通过制作实践获得的知识与通过阅读获得的知识做了严格区分。帕拉塞尔苏斯声称，经验不能通过书本学习来取代，“因为纸张极易让自负之人产生惰性和困倦感”，帕拉塞尔苏斯认为，制造东西的工匠们（包括加工矿石的矿工、木匠和有经验的医者）都有丰富的自然知识，其本质就是经验。

在诸如制图、印刷贸易、采矿和武器制造等领域，博学的匠人们往往会在一起交流合作，打造精品。美国历史学家帕梅拉·奥朗（Pamela O.Long）指出，在15、16世纪，特别是16世纪，跨越社会分工差异和理论与实践差异的专业知识共享，在数量上和范围上都实现了大跨越，这些“交易区”包括宫廷、印刷店、聚集着不同社会群体的咖啡店、军火库、仪器制造店和城市建筑等项目。这其中还有一些与“帝国伟业”相关的领域，比如制图工厂、造船厂以及各种殖民知识炮制点。热火朝天的物质生产活动和跨领域合作挑战了传统的科学革命编年史——这是20世纪早期颇具影响力的史学建构，在近几十年饱受争议，并不断经历重构，但在大众想象中历久弥新——通过西欧的科学数学化历史，产生了现代科学崛起的实证主义历史。帕梅拉·奥朗认为，文艺复兴时期（1400—1600年，而非1550—1700年）见证了研究经验知识和物质性的新方法日益成熟，也见证了手工工作固有经验价值逐渐在众多活动领域显山露水。

早期现代从业者所称的“新科学”，即通过经验主义和亲身实践来获得关于普遍现象的特定知识。在新科学蓬勃发展之时，很多该领域的学者已经向我们展示了实验人员如何弥合机械艺术和理论知识之间的鸿沟。文艺复兴时期，在制作技术和工艺改进的同时，原材料的品质也不断提升。海上扩张不仅为欧洲源源不断地提供了诸如珍珠、白银等人们所熟悉的材料，还同时带回了非洲、美洲和亚洲土著人民在材料、工艺和技术方面的专业知识，从而在很大程度上塑造了一个崭新的物质文化形态。在英国博学家、政治家弗朗西斯·培根爵士眼中，机械艺术和实验是科学实践中新的实证方法论的关键，工匠们正是通过这种实验和实践不断完善改造物质和塑造自然的技术。

拥抱科技

从15世纪晚期开始，海外文物作为海外扩张的战利品开始逐渐走进欧洲人的“珍奇屋”。经过分类和分析后，这些异域珍品与来自古罗马的珠宝、河豚等一道现身展览馆。于是，参观者可以在一个展区内同时欣赏到当代民间艺术、精巧的机器、遥远的古董、古代遗物和自然标本。观众甚至还能借助这个空间在欧洲古典和史前历史遗迹旁边研究舶来品。

中世纪，珍贵文物通常被集中收藏在宗教机构（例如大教堂的宝库里）和皇室家中。教堂中的文物一般包括遗物和仪式器物。皇家宝库中主要是各种礼物、战利品以及寓意统治权力的王冠。到了文艺复兴时期，新的私人收藏形式开始出现并迅速走俏，这类被称为“珍奇屋”“多宝阁”“工作室”或“博物馆”的陈列室多出自意大利半岛的精英之家，后越过阿尔卑斯山成为德国和中欧的新宠，最终在17世纪的法国、西班牙、英国和斯堪的纳维亚生根发芽。学者和收藏家一直试图梳理可能被我们误解的人类和自然世界的物质对象，以及它们的局限性和彼此交错复杂的关系。在这方面，收藏目录和清单可以帮助我们解读人工制品和自然/文化分歧在古典文物的再发现与跨洋相遇之际的产生过程。

陈列柜的创始人和所有者通常是王子、医生、药剂师或学者，但他们的收藏目的却不尽相同。王子们可以通过稀有珍贵的文物炫耀其财富、权力，以及帝国威信和商业影响力。对自然史和医学、艺术领域的学者来说，拥有一个收藏品研究空间可以彰显他们的财力、学术造诣和商业成就。

有了这些藏品陈列柜，学者和收藏家就可以足不出户地通过研究微观世界来思考宏观世界。从东亚丝绸到墨西哥建筑技术，对于这些海外技术，评论家们从不吝惜溢美之词。受过良好教育的欧洲人，也因此有机会尝试着在对比中理解相对陌生的舶来品，以及欧洲自己的古典和史前历史遗迹。因此，橱柜成了文艺复兴时期新学科形成过程中的重要参与者。例如，宝拉·芬德伦曾研究过收藏行为、收藏品和收藏者的实践活动，如何通过文物交易、目录出版和实证研究，影响自然史这门学科的发展。

陈列柜集古今中外植物、动物、矿物与文物于大成，可谓包罗万象。今天，我们会把文艺复兴时期收藏中作为材料工艺组成部分的人工制品划分为艺术品、古物和民族志器物。然而，我们所理解的存在于世的这些物品类别也可能因满足对珍奇柜中展品的描述、分析和归类的需要而改变。比如，在漫长的16世纪，羽毛头饰和石斧等人造珍品往往会与贝壳、珊瑚等天然异宝一起展出，以吸引观众对人类与自然智慧“品头论足”。

欧洲现存最早的博物馆设立构想出自巴伐利亚州阿尔布雷希特五世公爵（Duke Albrecht V of Bavaria）的图书管理员塞缪尔·奎切贝格（Samuel Quiccheberg）在1565年出版的《铭文》[1]，该书系统阐述了建立博物馆的动机、组织和理由。奎切贝格构想的博物馆设在专门建造的综合体内，分门别类地展出不同领域的操作间，如印刷车间、金属铸造车间、木工厂、造币厂、药房、炼金实验室。该书扉页给人一种文艺复兴时期必藏品分类的感觉：

这个巨大的博物馆里陈列着全世界的经典藏品和稀世图像，因此，人们也可以称它为“手工典藏和非凡之物的宝库”，一个容纳了稀有珍宝、珍贵器物、各式建筑和图片的宝库。我们建议建立这样一个容纳天地精华的博物馆，以便参观者可以通过反复观看和动手操作，快速、轻松、自信地理解和掌握新事物、新知识。

在这里，奎切贝格区分了“人工之物”（以某种方式创造的事物）和“非凡之物”（似乎有悖自然法则的事物，即“人造奇迹”）的类别。他设想中的珍奇屋是一处集“典范之作和非凡之物”为一体的大型陈列场所，以供人们学习之用。“反复观看和动手操作”是通过视觉和触觉理解自然的特殊途径。珍奇屋内陈列着源自古今中外工艺的示范性装置，似乎要把整个世界装进一个房间，参观者足不出户就可以用肉眼看遍天下珍品，从而收获独特的权威感。

奎切贝格建议将这些名贵收藏品分为五类，每一类有十个或十一个子类，称为“铭文”。这些类和子类并不构成一个连贯体，而

1　本书的英文标题全名为“Inscriptions or the Most Ample and Most Complete Theatrical Titles of the University Things and Singular Material”。——译者注

是多本体同时工作。在某些子类中，同一物质构成的物体被放置在一起，不用考虑其位置、功能或起源。例如，古罗马、外国和本国货币会同时出现。这种陈列方式可以让观众有机会比较相同材料在不同文化下的形态。奎切贝格的目录标题没有区分当时西方的生命体和无生命体。例如，他们将某一类物品分成不寻常的动物、用金属或其他物质铸造的动物、动物身体的一部分（如骨骼）以及被巧妙做成形似人体部位的东西（如假肢）。这样安排可以让人们直观对比上帝与人类的创造能力。也有一些子类是按功能划分的，如乐器、数学工具和写作设备（第四类的前三个子类）。

从第五类第一子类的描述中可以看出，这些藏品的摆放位置的确方便参观者对其进行比较品评："当所有知名艺术家的油画作品一览无余时，高下立判。"海外文物分布在多个类别之中。第二大类第四子类包括各种外国器皿，有金属的、陶器的、雕刻的、木制的；有来自古代废墟的，有来自外地的，本地人很少使用的。这一类别中还包括庙宇和古代祭祀器皿。

哥本哈根大学教授、希腊语和拉丁语教师、北欧考古学创始人奥勒·沃姆（Ole Worm）创作于1655年的一幅版画，向人们展示了一系列"值得陈列之物"（图2–3）。画中的藏品有的来自神话灵物，比如独角兽的角；有的属于稀罕之物，比如悬挂在展柜天花板顶上的北极熊皮；有的象征着偏远地区的居民，如皮划艇；还有的展品显示了人类的技术鉴赏力或审美技能，比如一些精湛的机械发明。

在文艺复兴时期的欧洲，新技术的研发充分利用了巧克力、烟草、辣椒、玉米、羽毛和音乐等物质的特有属性，通过诉诸视觉、声音、触觉、味觉和嗅觉达到特定目的。譬如，当时的欧洲治疗技

图2-3　奥勒·沃姆，沃里亚努姆博物馆中的动植物史馆，莱顿，1655年。收藏号：KB+1655。收藏于纽约公共图书馆珍本部；纽约公共图书馆数字馆藏

术越来越多地融合了海外从业者、技术、物质和诊疗过程等元素。从加勒比热带地区到西伯利亚冻土带，生活在陌生气候和地貌中的欧洲殖民者、探险家、官员和传教士，只能无条件依赖当地医疗技术来改善健康状况，这些医疗技术便顺理成章地走进了欧洲药典、医疗机构和医学文献中，实现了对欧洲医学的重构再造。当然，这些杂糅和融合的过程不足为奇，欧洲古代和中世纪的医学也曾在不同宗教、种族和政治派别的社区中交叉互融。但值得一提的是，殖民医学实践打破了人们对宗教、魔法和技术的传统分类，诠释了存在于文艺复兴时期迥异、多元而波动的本体论模式。

以印刷术为主题的下一小节将通过图像描述为读者带来更多的

技术体验，这些体验无疑会深刻影响参观者对展示橱柜的假想和期望。博物馆展示柜的价值在于它提供了一种全球视野，置身其中的人们可以纵横比较，可以实践“创造世界”的梦想，从而建构新的知识范畴。因此，被设计用来代替甚至取代某些自然物的橱柜，最终变成了一种认知装置。

印刷术的出现

印刷术是一项与上述众多技术交织在一起的特殊发明（图2-4）。有关印刷术在文艺复兴时期的出现及其影响的史学研究非常

图2-4　设计师扬·范德斯特拉特与雕刻家西奥多·加勒于安特卫普联合创作《现代新发明》（约1580—1590），第4版，“正在工作的印刷工”。收藏号：1964.8.1578，华盛顿特区国家美术馆罗森瓦尔德收藏精选

广泛，涵盖了从第一次使用活字印刷机印刷书籍到17世纪早期之间的技术及其与文化、知识、政治、科学、帝国、社会和宗教的相互影响。印刷术的出现加快了信息传播的速度，书印刷得越来越多，越来越快，价格因此越来越低，买书的人随之增多。信息类出版物开始以短小精悍的大报或小册子的形式面世。纸质本及其插图促进了科学信息的交流，图表复制更加便捷，当然，错误信息的传播率也随之增大。如果将印刷术置于文艺复兴时期的文物文化历史和技术主题的大背景之下，我们可以将其视为一个由技术过程、印刷品种类以及当代社会对印刷衍生品的回应组成的复杂系统。

想必读者对约翰内斯·古腾堡（Johannes Gutenberg）[1]在德国西南部城市美因茨发明了活字印刷机（确切地说，这项发明应该始于15世纪30年代末和40年代在斯特拉斯堡的印刷实验）的故事并不陌生。古腾堡的发明结合了当时已有的工艺，如造纸术（最初发明于中国，后经海外贸易传到欧洲）、木刻（通常为宗教用途而制作的单片木刻）、金属铸造（先铸造出单个铅字字母，后将其重新排列成无数种组合）和榨汁机（一种适合于将油墨字的木框排列压印在纸上的托架和螺钉组合）。起源于莱茵河畔美因茨的印刷术（在东亚流传已久）[2]一经问世便迅速传播开来，从德国的贸易城市一路传向欧洲

1 约翰内斯·古腾堡（1398—1468），活字印刷和印刷机的发明者，将印刷术带到了欧洲并改变了世界。—— 译者注

2 虽然在古腾堡之前几百年，中国就有了木版印刷，在大西北一个洞穴里还发现过一本印制于868年的完整书籍，但因为书法地位之高、手写汉字之繁复、汉字数量之庞大，活字印刷并未在东方流行开来。不过古腾堡的印刷术却很适合欧洲的书写体系，其发展还受到中国印刷术的深远影响。—— 译者注

各地，德国印刷工人的足迹也因此遍布伊比利亚到波西米亚的大小城市。

印刷技术的广泛传播助推了文本题材花样翻新。各种印刷体裁相继亮相，大报和图片是早期印刷品中比较便宜的版式，前者是集木刻和凸版印刷于一体的廉价印刷品，后者配有描述性文字。到了16世纪末，文本印刷开始在尺寸和成本上下功夫，无论是廉价的小册子和新闻版面，还是大型的对开本都在装订和装饰上大做文章。印刷工人也在竭力满足不同需求和不同受众的产品要求过程中，创造了一个多样化的劳动力市场。

印刷业使欧洲人有更多机会接触更广泛的外部世界。人们将那些寄给赞助人的旅行游记印刷成了薄薄的小册子，经过翻译后发行到整个欧洲。16世纪下半叶见证了地理模式的激增，自古以来就五花八门的宇宙学门类分化成了描述性和地理性两种模式。以世界各国人民的服装为素材制作的服装画册（图2–5）等新的视觉模式印刷品陆续风靡欧洲。法兰克福的印刷商德·布莱（De Bry）家族为游记插图的数量和质量设定了新的标准，从1590年到17世纪中期，他们共出版了23卷配有大量插图的《印度东方》（*India orientalis*）和《印度西方》（*India occidentalis*）丛书。

其实，人们很早就认识到印刷技术的深远影响。正如波利多尔·维吉尔在15世纪晚期所说，“与我们今天新发明的写作形式相比，书的出现不值一提，未来，一个人一天可以打印出很多人一整年都写不出来的字母”。有了这个无敌抄写员，学者们再也不用担心他们的作品会因为天灾或人祸而永久丢失。另外，印刷书籍的大批量上市也大大节约了劳动力。

Recueil de la diuerſité
des habits, qui ſont de preſent en vſage,
tant es pays d'Europe, Aſie, Affrique
& Iſles ſauuages, Le tout fait
apres le naturel.

A PARIS.
De L'imprimerie de Richard Breton, Rue
S.Iaques, à l'Eſcreuiſſe d'argent. 1564.
Auec priuilege du Roy.

图2-5 《服装风格集合》扉页，1562年弗朗索瓦·德塞尔普斯创作于巴黎。收藏号：Typ515.64.734。收藏于哈佛大学霍顿图书馆

然而，一些评论家（这些自掘坟墓者，或许从数字时代起就辗转反侧，难以安息）不免对印刷术催生错误言论和思想的副作用感到忧心忡忡。17世纪英国地理学家彼得·海林（Peter Heylyn）在谈到印刷术时就曾大发感慨："史上最杰出的发明正遭到滥用，被一群愚蠢又懒散的印刷者的欲望奴役着：知识的宝库从未如此充实，但也从未如此空虚，到处都充斥着愚蠢、无用的言论泡沫和渣滓。"

礼品

蕴含独特技术和艺术技巧的手工艺品是中世纪外交馈赠文化的一部分，这一趋势一直延续到文艺复兴时期。礼物的选择不但可以体现会面者如何看待国家之间的权力关系，还能揭示它们在送礼者心目中的分量，被选中的礼品通常是那些最具独创性、最稀有、最珍贵的物品。外交商品在欧亚大陆及其他地区的流通为这些艺术品创造了新的世界市场，并在漫长的16世纪触发了全球性混杂视觉文化元素的流行。

到了1400年，来自亚洲、非洲的各式礼物和贸易商品已经开始走进拉丁基督教世界，这些海外来客的技术含量是欧洲产品无法比拟的，其中具有代表性的技术包括纺织技术（丝绸）、雕塑工艺（象牙）、陶瓷制作（瓷器）、畜牧业（尤其是马）、金属加工和机械制造（自动机）。

集经验知识、技术诀窍和本土特色为一体的制图术是文艺复兴时期欧洲人引以为傲的代表性技术之一。绘有插图的印刷地图册和挂图（尤其是16世纪晚期和17世纪早期来自低地国家的地图册）常作为外交礼品或贸易货物远游东方。这些地图展示了包括几何原理和实证经验在内的地理知识，往往配有大量插图，有时会作为更大型书籍的一部分成为走出国门的交流礼品。

结语

16世纪80年代，佛罗伦萨弗兰德斯画家兼设计师扬·范德斯特拉特在菲力普·高勒（Philips Galle）[1]于16世纪80年代末和90年代出版的经典版画系列（图2–2、2–5和2–6）《现代新发明》（*Nova Reperta*）中以寓言形式解释了当时的最新发明。第一版大获成功后几年，范德斯特拉特将系列作品进行了扩编，涵盖发明达19项之多，每一项都附有编号和总结。范德斯特拉特设计的主题版画堪称“视觉百科书”，涵盖了文艺复兴时期精英们眼中所有创新性工艺制作过程。文艺复兴时期的欧洲人并没有严格区分他们自己的技术和其他民族的技术，且学者、艺术家和作家都渴望融合多种制作和认知模式（此处借用帕梅拉·H.史密斯对工艺和理论知识的表述）。然而，他们并不愿意分辨或承认所谓的“借用”，这种习惯直接导致“现代科学”元叙事中本土能动性的消失。

编号1的版画名为《美国》，讲述了一场技术邂逅。衣冠楚楚的哥伦布一行人乘坐设计精巧的大船、小舟（版画左侧可见），带着一根权杖和星盘登陆美国。哥伦布遇到了一个从吊床（一种土著技术）上站起来的女人“美国”，“美国”身上只有一顶羽毛帽、裸露的羽毛裙和（也许）一条腿上的金属装饰。附近的一棵树上倚着一根棍子，后面，一名土著战争受害者的四肢正被架在烤肉架上炙烤，也许这也是所谓

1 菲力普·高勒（1537—1621），荷兰出版商、版画设计师和雕刻师。

图2–7　设计师扬·范德斯特拉特与雕刻家西奥多·加勒于安特卫普联合创作的《现代新发明》（约1580—1590）扉页。收藏号：1964.8.1574。华盛顿特区国家美术馆罗森瓦尔德收藏精选

的“新世界科技”吧。

但实际上，欧洲长期以来一直在不断邂逅东方技术，范德斯特拉特的《现代新发明》中也描述了一些东方元素。比如，指南针、火药、印刷术和丝绸首先出现在中国；马镫、风车、糖、星盘，可能还有炼金术、蒸馏，都起源于阿拉伯和近东地区。另外，该系列的开篇版画展示了来自欧洲、亚洲和美洲的技术——桑树上生长着处于不同生命阶段的桑蚕，同时出现的还有跨文化技术，如马鞍和马镫、愈创木（一种用来治疗梅毒的木材）、火药和大炮。但纵观整个版画系列，我们可以发现，范德斯特拉特通过理想化、经典化手

法成功抹去了丝绸、药物、糖、火药等发明的核心要素——发明者身份。

从范德斯特拉特的版画还可以看出，所有机器都需要使用者不间断地进行体力操作：水磨和风车加工粮食时需要人工传送，熔炉需要人工点火，印刷书籍和压榨橄榄油需要人力转动榨汁机手柄等。与此同时，版画还向读者展示了学者与工匠的合作成果，如印刷店和以新大陆木材为原料的梅毒治疗制剂的配制和使用。

第三章

经济器物

玛莎·C.豪威尔

在1919年出版的权威著作《中世纪的秋天》（*Autumn of Middle Ages*）中，约翰·郝伊津哈评论道，凡·艾克1432年完成的名画《根特祭坛画》（*Ghent Altarpiece*）组画之所以令我们着迷，不仅源于其细致入微的刻画手法，也归功于其气势磅礴的《圣经》叙事。“在这些细节中，”他写道，“日常之物的神秘感在宁静的光辉中绽放。在这里，一切神奇所见都直抵灵魂深处”（图3-1）。

郝伊津哈的评论不仅显示了15世纪勃艮第低地国家艺术的独到之处，更凸显了整个文艺复兴时期画作——从祭坛画到无数其他绘画和雕刻作品——的无限活力。在此期间，这些作品因其经济价值而比任何一种文化载体都更成功地构建了自己的社会与个人身份，它们不仅一如既往地成为财富和权力担当，还成为交易商和生产者的致富工具，成为推动社会和政治朝向“文艺复兴”的主要源动力。诚然，经济价值与文化意义的碰撞极有可能扰乱社会秩序和道德规范，但也未尝不

图3-1　油画《根特祭坛画——全能的上帝》，扬·凡·艾克创作于1425—1429年，3.7米×5.2米。现收藏于根特圣巴沃大教堂。图片来源：维基百科/约克项目

是一个重构时机。

这些商品中最负盛名、最受学者追捧的是，欧洲精英从南到北积极收集和展示的所谓奢侈品，如用各种丝绸、奢华羊毛或柔软皮革制成的长袍、斗篷、鞋帽，护甲、武器、空心器皿、餐具，欧洲人自制或进口的珠宝、雕塑，来自布鲁塞尔、佛罗伦萨和法国的巨型挂毯，在威尼斯、安特卫普制作或出售的画作，都出现在《根特祭坛画》中。与这些奢侈品一起流通的还有大量的普通物品，也就是赫伊津哈提到的在这一时期生产的“日常之物”，使除社会底层外的所有普通人都有机会接触前所未有的新奇之物（图3-2）。

彼时，虽然不是所有富人都买得起丝绸镶边和皮毛衬里的衣服，也不是所有普通人都穿得起羊毛长袍，用得起锡制餐具或实惠的工具，但毫无疑问，有相当数量的欧洲城乡居民可以获得他们梦寐以求的物质享受。

归根结底，这里提到的所有物品，无论是最高雅的，还是最卑微的，都属于经济物品，因为它们直接或间接来自于当时的市场，甚至必要时，回归市场。[1]而其中的一些文物因为特殊的文化意义更受尊崇，学者们经常将其描述为“纯粹的符号”，虽然这些物品都极具交换价值，但很少出售，如，描绘亚历山大大帝大获全胜的“挂毯”或者“圣物箱”这样具有宗教意义的物品。织入挂毯的金线不

1　以金马雕像（*Goldenes Rössl*）为例，这座精心打磨的圣母雕像中，圣母的宝座下面有一匹英俊白马（雕像因此得名），据说，这是巴伐利亚州的伊莎贝尔送给丈夫查尔斯六世的新年礼物。不久，这座雕像就被承诺作为养老金支付给她的兄弟路德维希伯爵。在这个家族的统治末期，作为和平协议的一部分，雕像被移交给了下巴伐利亚伯爵，后又到了阿尔特廷（Altlötting）镇。——原书注

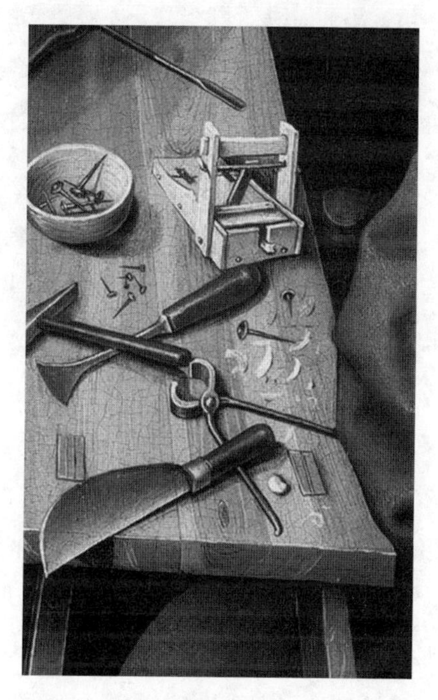

图3-2 《麦洛德祭坛画》(细节图)，罗伯特·坎平创作于1425—1428年，现收藏于纽约大都会艺术博物馆

仅增强了美感，同时也增加了成本和潜在价格，装饰圣物匣的珐琅制品和珠宝也有异曲同工之妙。同样，人们会想当然地认为，贵族穿的丝绸、皮草和珠宝价值不菲；某位伯爵陈列过的压花板熔化后，可以很轻松地与金条交易或用作典当之物，因为他的盔甲来自欧洲最知名的工匠作坊，里面装满了只有富豪才买得起的贵重金属。但同时我们注意到，这一时期的经济器物、文化器物与普通物品之间的界限日趋模糊，从屠夫妻子的毛皮斗篷、珍珠到农民嫁妆箱里简单衣服，从普通家庭使用的锡锅、碗到工匠商店里精心制作的工具，这些普通消费品可能比贵族拥有的金制高脚杯更容易成为经济物品，但这仅仅是因为它们具有作为生活必需品的经济价值，而非拥有被随意兑换成货币的优势。

在借鉴众多学科专家数十年丰硕研究成果的基础上，本章将分两部分展开对文艺复兴时期经济器物的论述。首先，促生这些器物的所谓“中世纪商业革命”以及随之而来的社会政治变革，不仅打破了传统的等级制度和现有的道德规范，而且进一步促进和引领了商业扩张。其次，大多数商品（无论是镶宝石的衣服、简单的亚麻罩衫、金银器皿、普通的罐子，还是其他商品）之所以成为经济物品和交易品，有时仅仅源于其身上的社会文化符号。在任何一种文化中，商品都承载着文化意义，实践着文化功能。在任何一个社会中，商品在某种程度上都具有一定经济价值，但在这一时期，它们的社会文化价值因受到其与市场关系的影响而大大增加。反过来，它们的经济价值又因为自身所承载的和被赋予的文化意义而增加了两倍，甚至三倍。用郝津伊哈的话说，这个时代的经济价值与文化价值之间强烈的、动态的、亢进的“作用与反作用”，让很多事情看起来简直“不可思议”。

为进一步证明该论点，本章最后介绍在欧洲早期商业化历史中扮演了重要角色的“香料”以及在16世纪作为文化物品进入欧洲，并在17世纪早期就被卷入市场旋涡的“郁金香”，从而对当时社会和郁金香本身的意义都产生了深刻影响。

物欲与资本主义“起源”

尽管早在1600年文艺复兴时期结束的两个世纪之前，商人们就已经沿着次大陆[1]的海岸和河流系统建立了贸易路线，但所谓的商业革命在文艺复兴之初才呈现出显著的社会影响。那时，商业中心已经逃离了长期集聚的飞地[2]，取而代之的是遍布密集城市化地区的次大陆，人们在这里既从事贸易，也从事商品生产。飞速成长的佛罗伦萨与意大利其他工业和金融中心紧随威尼斯和热那亚的步伐，意大利半岛很快便成为欧洲商业的引擎。布鲁日、根特、伊普尔和后来的安特卫普则主导了南部低地国家的商业版图，成为欧洲城市化程度最高的地区。此时，科隆在莱茵河上确立了绝对优势，不仅成为连接欧洲南部与低地国家、英国和法国北部城市的贸易大动脉，而且还是欧洲南部与控

---

1 次大陆，是指一块大陆中相对独立的较小组成部分，英语中常用于特指南亚次大陆（又称印巴次大陆）。——编者注

2 “飞地”的概念产生于中世纪，最初使用应是1526年英法两国签订的马德里条约（The Treaty of Madrid），之后逐渐成为欧洲外交语言中的一个重要概念。《牛津地理学词典》中对飞地的定义就强调了两层含义：①在一个国家内却被另外一个国家管辖的小块区域；②和本国经济联系较少，主要受外国资本支配（regulated）的小块区域。《人文地理学词典》中对飞地的定义也是类似的，指“位于某一领土范围内，但与其有文化差异或政治隔离的小块领土”。——译者注

制着波罗的海和北海贸易的汉萨同盟城市间的枢纽。作为历史悠久的奢侈品消费中心，巴黎不仅催生了当地蓬勃的产业，也同时将精湛的手工艺种子播撒到其他地方。彼时的罗马已成为遍布欧洲大陆的金融网络统治者。伦敦的崛起则预示着，16世纪即将开启一个人口、经济和文化大爆炸的时代。

彼时，欧洲经济不再是一潭死水。纵横交错的贸易路线携带着进口香料、黄金、丝绸、书籍、稀有乐器、欧洲制造的布料、金属制品、盔甲、木材、煤炭以及其他原材料，往返于港口、内陆中转港、金融中心以及根特、伦敦、威尼斯、科隆和佛罗伦萨等工业生产国。星罗棋布的集市聚集了来自欧洲各地的商人和生产者，大家在约定时间交换商品、谈判信用协议、结算账目和分享信息。当然，欧洲人并不满足于家门口的生意，他们跑去苏丹淘金，到东方寻找香料和丝绸；到1500年，他们已开始为穿越全球寻找更大的商业利润秣马厉兵。事实上，截至1500年，大部分农村经济（除了那些早先就受到商业影响的地区）正在发生肉眼可见的变化。有的地方出现了自由农民；有些地方出现了具有开拓意识的地主，并开始从依赖他们的农民身上赚取工资；还有一些地方的农民逐渐将自己市场化。总之，大踏步向农村转移的工业浪潮正逐步把农业工人变成了产业工人。

虽然14世纪后期瘟疫饥荒肆虐，战争几乎摧毁了商业网络，中世纪晚期社会政治冲突频发，越演越烈，但值得庆幸的是，这些都没能阻止欧洲商业的发展脚步。相反，在这些困难时期，部分商业中心从发展缓慢地区转移到了新阵地，很多商人或深谙经商之道者不但幸存了下来，而且生意越做越大。“文艺复兴的大萧条”这一说法完美诠释了一个矛盾现象：即使在1350年到1450年国民生产总值

（GNP）全面下降期间，无数人过早死亡，幸存者一无所有，但依然有人赚得盆满钵满，欧洲社会的高雅文化也一直欣欣向荣。实际上，当时的人均国民生产总值不降反升，贫富差距扩大的事实不言而喻。1500年后，随着欧洲人加快了海外冒险的步伐，大量的黄金、香料以及来自国外的新奢侈品一拥而入，尽管欧洲部分地区处于经济衰退的境地，很多不幸之人饱受贫困与剥削之苦，但仍有一些群体获得了巨大的商业红利。

物品的生产和交易是商业革命的源动力。贸易活动让商人获利，于是制造商品的欧洲人摇身一“富”，自己也成为消费者。尽管当时欧洲大多数财富源于农业生产，而非城市作坊或国外进口，即使像粮食、木材和金属材料这类产品，相比礼服和餐具，在商业经济中占据更大比例，物品的买卖（以及人的物欲）仍然是刺激商业发展的驱动力。事实上，农业经济的商业化在很大程度上是对贸易和生产所产生的商业能量的回应。这种情况在低地国家、英国和欧洲南部的部分地区尤为普遍，当地的谷物等农产品是为了供应城市或远程市场，或发往煤炭、银、铜和水银的开采区，也就是说，所有这些产品最终都是为了销售给制造商品的人。之后，东欧便成为西欧市场的主要粮食供应国，这些地区也因此产生了学者们所说的“第二个农奴制”。简而言之，建立在土地和它所创造的财富基础上的传统经济，被商业和商人彻底改变了。就市场价值而言，即使商品在进入市场的经济体中所占比例相对较小，但它们依然成为了永久改变了欧洲的商业先锋。

与此同时，政治格局也发生了戏剧性变化。在此期间，荷兰、英国等凭借商贸优势迅速发展成为经济强国，因为文化成就而声名斐然的意大利城邦则逐渐失去了原有的政治影响力。日耳曼帝国在宗教动乱中分崩离析，17世纪的“三十年战争”（Thirty Years' War）[1]对其造成的破坏更是无法估量。法国则很快在波旁王朝的统治下崛起成为欧洲霸主。传统社会秩序也同样面临瓦解，从商业发展中崛起的资产阶级商人、银行家、工匠商人威胁着传统精英阶层对文化、政治、社会、经济霸权的垄断。在中世纪欧洲由“战士、祈祷者和工人”构成的社会中曾被任意归为第三层，也是最低阶层的体力劳动者群体，也出现了阶层分化，金匠、药剂师和商人（有时甚至设法跻身贵族阶层）跃居上层，临时工处于底层；酿酒商、屠夫、面包师、染色工和其他商人的社会地位也明显上升，有了更广阔的发展空间；投资生产市场的农村土地所有者在这个过程中开始无情地盘剥农民，成为名副其实的农业资本家。军事实力、血统和贵族地位不再是统治精英群体的标配，那些控制了重要贸易路线、熟悉如何构建和管理复杂金融交易、垄断或接近垄断生活必需品的平民，正在稳步加入他们的行列。这些新秀往往还会通过迎娶贵族

---

1 三十年战争，是由神圣罗马帝国的内战演变而成的一次大规模的欧洲国家混战，也是历史上第一次全欧洲大战。这场战争是欧洲各国争夺利益、树立霸权的矛盾以及宗教纠纷激化的产物——中世纪后期，神圣罗马帝国日趋没落，内部诸侯林立、纷争不断，宗教改革运动之后又发展出天主教和新教的尖锐对立，加之周边国家纷纷崛起，于1618年到1648年爆发了欧洲主要国家纷纷卷入德意志内战的大规模国际战争，又称“宗教战争”。战争基本上是以德意志新教诸侯和丹麦、瑞典、法国为一方，并得到荷兰、英国、俄国的支持；神圣罗马帝国皇帝、德意志天主教诸侯和西班牙为另一方，并得到教宗和波兰的支持。最终，这场战争以哈布斯堡王朝战败并签订《威斯特伐利亚和约》宣告结束。这场战争推动了欧洲民族国家的形成，是欧洲近代史的开始。——译者注

的女儿来继承长期由贵族把持的土地，顺势享受土地带来的政治权利，并最终取代了贵族在领地和国家政府中的地位。在许多学者眼中，这个时代的商业不仅摧毁了传统的社会和政治秩序，而且催生了资本主义。来自比利时的亨利·皮雷纳（Henri Pirenne）是将商业与早期资本主义联系起来做系统研究的最有影响力的学者之一，他说：

无论何时何地，商业既是消费欲望的刺激者，又是满足者。贵族们始终希望自己能够置身于奢华之中，或者至少享受与其社会地位相匹配的舒适生活。

其结果是，资源和权力从土地所有者的食利者阶层转移到以贸易和贸易生产为生的商人手中。虽然皮雷纳关于中世纪晚期商业本质的观点受到了严厉批评，但实践证明，他在商业化和资本主义之间建立的联系是能够站住脚的。例如，法国史学家弗尔南多·布劳德尔（Fernand Braudel）在1979年出版的《商业之轮》（*Jeux del échange*）一书中指出，外来商品贸易产生了他笔下所谓的早期现代资本主义。商人们不但能够行走四方，控制着欧洲货源的神秘路线，还可以自由设定价格，控制资金流动，囤积信息，并最终获得巨额利润。这就是早期现代资本主义的雏形。这些人有能力将信息私有化，从而可以（且只有他们可以）在印度群岛以两克银子购进一公斤胡椒，却在欧洲以二三十克的价格出售（图3-3）。

布劳德尔明白，是消费者的需求推动了这种交易，但他研究的重点是分配，而不是消费。然而，这个问题现在已经成为当今诸多关于资本主义起源及其逻辑研究文献的核心。学者们认为，应该把注意力集中在消费者做出的特定选择上，因为它决定了生产什么和

图3-3 《乔治·吉斯泽肖像》(Portrait of Georg Gisze)，小汉斯·荷尔拜因（Hans Holbein the Younger）创作于1532年，现收藏于柏林书廊。摄影：维基共享/斯蒂芬妮·巴克

生产多少，进口什么和进口多少，以及谁是通过提供商品致富的人。虽然从20世纪70年代便开始出现了大量关于产品消费的研究，且主要关注点在18世纪，但很早就有学者试图通过研究文艺复兴时期精英阶层对奢侈品的欲望来讲述资本主义的起源。德国经济学家维尔纳·桑巴特（Werner Sombart）于1922年出版了《奢侈与资本主义》(*Luxus und Kapitalismus*)；1939年，德国社会学家诺贝特·埃里亚斯（Norbert Elias）发表了更具影响力的著作《文明的进程》(*Über den Prozess der zivenisation*)。但这两本书实际上都没有得到应有的重视，究其原因，也许是因为桑巴特与纳粹关系暧昧，但更准确

地说，是由于第一次世界大战后的数十年里，日耳曼历史学者一直处于被孤立的境地，而且纳粹时期的文化社会史也被严重扭曲。直到1969年埃里亚斯的研究被重新出版，并且第一卷被翻译成英文（《礼仪史》），历史学家们才对这种研究思路刮目相看。

所有研究这一问题的学者都有一个共识，那就是所谓的“消费激情”不仅是西方资本主义社会的标志，也是它的动力与源泉。早期文献代表作均认为，资本主义在17世纪和18世纪随着奢侈品行业的系统发展而“起飞”，比如英国的韦奇伍德（Wedgewood）陶器就大大满足了新兴资产阶级的消费欲望。自20世纪80年代以来，历史学家们一直试图将所谓的“消费社会”起源，追溯到桑巴特和埃里亚斯所认为的文艺复兴时期和中世纪晚期，但这明显超出了他们擅长的学术范围。如今，人们普遍认为，就本质和起源而言，资本主义与消费的关系和它与生产的关系一样密切，而且在文艺复兴时期，我们所讨论的奢侈品消费并不只存在于购买稀有高价商品的精英阶层。现在，甚至连经济历史学家（无论是马克思主义还是自由主义的信奉者）也加入了这一研究行列。例如，英国经济学家琼·瑟斯克（Joan Thirsk）1978年发表的《经济政策和项目》（*Economic Policy and Projects*）和简·德·弗里斯2008年出版的《勤勉革命》（*The Industrious Revolution*），都集中探讨了普通民众的消费需求及其影响经济增长和积累的方式。

尽管这些历史研究成果质量很高，且玛丽·道格拉斯（Mary Douglas）、皮埃尔·布迪厄（Pierre Bourdieu）、阿尔琼·阿帕杜拉和丹尼尔·米勒（Daniel Miller）等文化理论家及其他学者都对所谓的“消费热情”做出了细致解释，但我们仍然无法绕过一个老问题，那就是“非历史主义”[1]倾向。诚然，今天几乎所有学者都会反对“人有自然欲望”这一粗糙说法，尽管这仍然是新古典主义经济学的顽固基石，大多数历史学家也并不接受消费者是广告商的被动受害者或消费只不过是一种社会竞争形式的观点。但不可否认，关于这个时代消费历史的很多文献都依赖于这些非历史性假设：他们研究的历史对象（无论是桑巴特和埃里亚斯笔下的贵族，还是瑟斯克和弗里斯眼中的家庭主妇）其实都已是消费者，随时准备逃离那个没有市场的、遭受体制禁锢的匮乏世界，只有发达的商业才能让他们觉醒。

“进退两难”的消费观念

想要摆脱关于消费和商业或消费和资本主义之间关系的非历史性假设，我们最好紧跟最近几十年研究消费的一众文化理论家和其他学者的步伐。在他们看来，商品是积极的主动行为者，而非被动的惰性事物。在与人合著的《商品世界》（*The World of Goods*）一书中，英国人类学家玛丽·道格拉斯（Mary Douglas）建议我们把商品视为一种语言、一种与自己和他人沟通的方式，而这种方式则成为构建人类社会身份和个人身份的一个要素。1979年出版的《商品世界》是此类研究中最有影响力的著作之一。同样来自英国的人类学家丹尼尔·米勒（Daniel Miller）基于黑格尔的“物化”模型也进行了类似的论证。米勒解释说，个体通过他、她或他们所创造的东西来“物化自己”，而在马克思的模型中，劳动者在他所生产的东西中“异化自己”。然而，与马克思所描述的“被疏远化”个体不

1 非历史主义是指对历史、历史发展或传统缺乏关注。—— 译者注

同，消费者将“物化的自我”重新整合为“她或他的自我”，并在一定的社会和政治条件下丰富和提升“自我”。马克思笔下的劳动者，人性因其劳动的异化而弱化，而消费者会在整合创作之物的过程中变得更加人性化。

米勒解释说，这个过程存在于所有文化中，只不过在现代西方社会中的呈现方式比较特殊，毕竟那里的海量消费品太过抢眼。其实，这个过程在文艺复兴时期的存在形式也很特别，正如前文所言，当时的市场作为一个强大的商品提供者横空出世，并从根本上改变了社会。历史学家认为，这一转变之后，人们的社会地位标志变得含糊不清，在一个看似动荡的社会中，大家对自己的价值没有清晰的认识。屠夫的妻子开始佩戴珠宝，而这曾经是贵族的特权；平民出身的人，如今端坐在国王右侧；新生的荷兰，由商人阶级统治。出身不再是社会或政治权利的保障，传统上用来定义贵族男性荣誉的军功和骑士精神似乎已落后时代。

更糟糕的是，欧洲人并没有令自己信服的理由来调和他们对商品的欲望和宗教禁令之间的关系，毕竟多余的物质财富，甚至消费本身也有违教义。尽管整个中世纪，各路道德家不断与之斡旋，但人们从未真正摆脱追求金钱和奢侈品所带来的不安。宗教要求人们安于贫穷，认为贪婪之罪不可饶恕，任何金钱交易都会被高利贷的幽灵所困扰，因此，违规者经常被逐出教会，无法参加用以救赎的圣礼，这种矛盾与两难在文艺复兴时期愈演愈烈。随着越来越多的奢侈品开始走近消费者，普通人也能以前所未有的方式购买衣服、器皿和稀罕的小玩意儿，这样一个如此渴望得到衣服、珠宝甚至新锅碗瓢盆和舒适床品的人，还有什么“优点和美德”可言呢？

在诸多应对这种“困境”的方式中，文艺复兴时期的所谓“自我塑造”最受推崇，这种尝试本身包含了一种悖论，即试图利用引起矛盾的“消费品”来构建一个值得尊敬的“自我”，并以此确立自己的社会地位。学者们在研究过程中首先将注意力转向了传统的精英阶层，他们的出身及先天“骑士精神代码”无论对其本人还是对那些处于上升期的平民男女来说，都不再有任何优势。开启“重塑”之旅时，对传统精英来说奢侈品不再像过去那样只是财富和政治实力的标签，更是智力、学识和品味的象征，是可以将它们的主人与不具备这种优势的下层阶级区分开来的标识，是能够彰显美德的关键要素。与此同时，社会和政治地位不断上升的平民对“自我”的寻找更为迫切，正如里查德·戈德斯维特在描述当时佛罗伦萨商人和人文主义精英中存在的消费与个人或社会身份之间的联系时所说的那样：

消费比财富更能彰显品位。与物品越亲密，人就越能提高自己除了欣赏材料本身价值之外的工艺鉴赏能力，越能有意识地提高品味，而这正是这一时期意大利文化发展的最好表征。

同样，在布鲁日和伦敦这样的城市以及周围乡村，越来越多的商人搬进了新宅园，拥有巨额财富的普通人也开始学习“过高贵的生活”。这象征着“骑士精神”与传统规范的呼应，也说明新贵们期望自己能有更优雅的举止、能学会如何用精心挑选的奢侈品来装饰自己、家人、马匹和住所。如果这还不能成为跻身14世纪和15世纪低地国家贵族行列的入场券，那么拥有和正确使用各类商品也算是那个年代标志性的贵族生活方式，这也是富有的平民阶层不断“贵族化”的众多途径之一。到了16世纪，仅仅是正确的消费就足以令人“高贵”。

生活在社会底层的普通城市居民周围都是廉价商品，虽然他们平时会囤积实用的床罩、枕头、汤锅和餐具，但偶尔也会模仿富人炫耀财物，这就是西西·费尔柴尔德斯（Cissie Fairchilds）所说的“平民商品”。彼时，农民也有机会获得更丰富的物资，当然，绝不包括富人们的专属奢侈品，也很少会有平民商品，但在加泰罗尼亚农村，年轻女性的嫁妆中出现“伊普尔布料”（伊普尔是弗兰德斯城市，是当时贵重羊毛制品的主要产地之一）也并不罕见。简而言之，商品在帮助人们确立社会地位和个人身份方面发挥的作用越来越明显而深刻，这不仅仅是因为它们在数量和种类上超过前人想象。在一个阶层没有固化而又无法判断某人所属阶层的年代，人们通常会“以物取人”，比如，用这种方法分辨屠夫的妻子和木匠的女儿，识别一个有钱的农民，或将伯爵与骑士和市政议员区别开。与此同时，出身与权势的标签远不能确认一个人的身份地位，而穿戴和财富却可以赋予甚至决定一个人的社会层次。

尽管学者们有时把这种强烈的物欲追求简单化为“攀高结贵”，即下层社会无意识地模仿上层社会，但显然，这个过程要复杂得多。诚然，不同等级的人在不同地区会有不同选择，有时他们确实试图模仿权贵，但通常只是追求身边可用和有用之物，以便在所属阶层实现自我价值，获得认可。正如戈德斯维特对文艺复兴时期佛罗伦萨的研究所示，当时许多世俗精英要力证自己的学识、智慧和鉴赏力，而小镇上的普通人通常对收集宗教图片和装饰客厅更感兴趣，这并不是在模仿其他阶层的风格，而是为了恪守和提升当地传统。消费和炫耀模式的变化，不仅仅意味着文艺复兴时期社会的财富变化，也意味着人们看待自己的方式发生变化，意味着寻求“物化”来重塑自己的方式发生了变化。

这一时期，器物经济和文化价值之间复杂而又极不稳定的关系可以从两种商品的历史故事中略见一斑：香料和郁金香。无独有偶，一直以来，这两样东西都与早期资本主义发展有着千丝万缕的关系。但我要强调的是，它们真正的历史价值在于揭示了这个时代的文化和经济之间的动态关系。

香料

通常，人们简单地把香料理解为肉豆蔻、胡椒和藏红花一类调味品。事实上，中世纪的香料范畴要广泛得多，还包括药用植物、动物器官以及一些罕见食物，比如杏仁，甚至是珍珠。16世纪之前，这些香料的销量稳居国际贸易前列，16世纪之后，它们也仍然是全球贸易的重要组成部分。虽然学者们在资本主义定义问题上分歧颇多，但他们一致认为，香料贸易创造的财富在资本主义发展史上起着主导作用。

香料并不像人们常说的那样，只是用来掩盖变质食物的味道或防止食物变质。相反，它们之所以受到追捧，部分原因是因为当时的人们更喜欢味道浓烈的食物，而香料能够让基础饮食，包括谷物、韭菜和冬季蔬菜的味道更鲜美，偶尔也能给肉类增色。肉豆蔻、丁香、肉桂、生姜、胡椒粉除了用来调味，还具有药用价值，可用于平复胃部不适、减轻关节疼痛、缓解头痛和舒缓神经（图3-4）。

直到16世纪，香料才由穆斯林和犹太商人从印度洋市场经黎凡特运往西欧。通常，来自威尼斯、热那亚和加泰罗尼亚的商人在贝

图3-4　中世纪的药房/香料店，医生和药剂师。摘自马西利乌斯·菲西努斯于佛罗伦萨创作的《生命之书》(1508)

鲁特港、君士坦丁堡和亚历山大港购买香料后将其分销到佛罗伦萨、科隆、伦敦和布鲁日等欧洲市场，但每种商品售价都很高。在15世纪，即使是3盎司[1]最常见的胡椒和最便宜的姜也要花费一名英国技术工人半天的工资（如今，在超市买3盎司辣椒，仅需一名美国非技术工人工作15分钟）。肉桂的价格是胡椒的两倍，肉豆蔻的价格是胡椒的三倍，丁香几乎是胡椒的四倍，而专门用作药物的芦荟和樟脑价格则是胡椒的三十五倍。[2]

某种程度上，欧洲人对香料的追捧仅是出于烹饪偏好和医疗习惯，在这方面，文艺复兴时期的欧洲人与古罗马人几近相同，后者使用的香料和中世纪欧洲香料产自同一地区。与古罗马人一样，欧洲人也将香料视为一种名贵商品。在文艺复兴时期，香料大受精英阶层和富裕平民的青睐与欢迎，这足以说明两者在选择美食方面具有相似的辨别能力，同时也显示了他们独特的社会地位。这一时期，随着人们“自我塑造”欲的不断增强，富人发掘了更多使用香料的方法，并竭力展示自己的成果。他们会用盛香料的罐子装饰桌子，还会把香料袋系在腰带上或放在钱包里，以便随时展示。勃艮第、乌尔比诺、费拉拉、米兰等地的宫廷，以及英国、法国和德国皇室都会举办用香料烹制美食的奢华宴会，用以炫耀“荣华尊贵”。在很多重要的外交场合，布鲁日和里尔等城市会采用相同的烹饪菜系，

---

1 重量单位，1盎司≈28.35克。——编者注

2 本段所提香料的所有报价均来自已故约翰·门罗（John Munro，2003）先生发表的一篇文章。同时，请参见弗雷德曼（Freedman，2005）和他所引用的药品价格的来源以及有关香料价格的附加信息。价格的可用数据因来自不同的统计源和不同市场而过于分散，因此，只能得出概括性数值。——原书注

即提供烤天鹅（通常是贵族享受的佳肴）和味道丰富的卤肉，甜食里不只有来自加纳利群岛等地的糖，还混合了肉豆蔻、丁香、肉桂等口味。尽管胡椒没有这些昂贵的香料“尊贵”，但也不是“等闲之辈”，那句谚语“他没有胡椒”[1]，说明胡椒在当时也是一种“身份”担当。

香料不仅提升了人们的烹饪和文化“品味”，同时也激发了大家的想象力。这些香料大多来自16世纪前的神秘远方，它们的起源、生产和收获也因此成为很多神奇故事的写作素材，其中一些作品甚至可以追溯到贺拉斯（前65—前8）时代。据说，即使这些宝贝的来源被锁定，人类也很难轻易得到，传说中，蛇是它们的守护神，也有版本说，香料总是在寒冷和潮湿的洞穴中藏身。然而，也有一种说法认为，香料是野生的，即使大量种植，人们也不需要像在欧洲种植谷物或洋葱那样付出艰苦劳动就可以获得大丰收。种种传说简直吊足了欧洲人的胃口，于是他们决定亲自寻宝。毕竟，把这些珍宝带到贝鲁特或亚历山大的商人已经探明源头，而且，如果避开从印度洋到黎凡特贸易路线上的中间商，以及管理通往欧洲路线一段的威尼斯人、热那亚人和加泰罗尼亚人，他们就可以获得被欧洲竞争对手抢走的巨大利润。

葡萄牙人最先进入了香料种植市场。1497年至1499年，他们绕过好望角，先行到达了南亚西海岸和那里的胡椒供应地，随后又发现了当时肉豆蔻和丁香的唯一产地——印度尼西亚群岛。于是，其

---

1 英国谚语“He has no pepper”（他没有胡椒），指这个人无足轻重，社会地位低下。—— 译者注

他欧洲大国迅速效仿，激烈竞争导致的紧张局势持续了数十年，其间数度白热化。最终，荷兰人占据了主导地位，在整个17世纪，他们几乎完全控制了从香料岛到欧洲的所有贸易，基本垄断了胡椒、肉桂和其他生长在印度洋其他地方的奢侈香料。

毫无疑问，作为一种商品，香料的价格会在短期内根据供求关系发生变化，这与现代经济理论的预测并无二致。暴风雨、海盗、战争或其他灾难造成的货物损失会导致价格飞涨，而来自威尼斯、布鲁日和科隆的新供应链又会平抑市场价格。如人们预测的那样，16世纪以后，货物供给增加，价格普遍下降。但随之而来的货币贬值、货币操纵、货币类型与货币单位的变化，以及从新大陆进口金银使得货币的购买力在这一时期迅速下降，因此很难获得关于价格下降程度（按实际价值计算）的精确数据。然而，下降的整体发展趋势却很明显，譬如，在16世纪90年代，阿姆斯特丹商品交易所的葡萄牙人以每磅[1]1.00盾（gulden，荷兰王国的货币，15世纪开始流通，2002年被欧元取代）的价格出售胡椒；1609年至1624年，报价为每磅0.80盾；1625年至1627年，报价为每磅0.58盾。[2]

正如经济学理论预测的那样，消费会随着供给的增加而增加。但需求，也就是印度裔美籍人类学家阿尔琼·阿帕杜拉所说的“政治需求”，而不是价格，从根本上反映了人们的烹饪和文化“品味”。这种文化政治现象的具体表征是——随着香料价格下跌，精英阶层的需求开始减弱。正如约翰·门罗（John Munro）所解释的那样，

1 英美制重量单位，1磅≈453克。——编者注

2 这些价格未经通货膨胀调整。——原书注

这是对所谓市场“民主化”的直接回应：

如果经济学的基本规律是需求与价格成反比，那么香料（以及钻石和丝绸）的消费实践则恰恰反其道而行：象征着奢侈品价值的香料价格越高，富人的需求就越大（这里强调的是原始状态）。

虽然价格下降和市场民主化是精英行为变化的晴雨表，但需求曲线的下移与其他领域的文化反应也有很大关联，毕竟，一件商品奢侈与否并非直接或完全由价格决定。如今，市面超出普通西方人购买力的昂贵商品并不在奢侈品之列，倒是那些稀罕之物，如在河内售价约每磅50000美元的犀牛角粉；甚至我们大多数人认为是奢侈品，但价格只略高于一瓶啤酒或一个汉堡的东西，如餐桌上的新鲜亚麻布、二月份餐桌上的鲜花或一瓶“香奈儿5号”香水。[1]文艺复兴时期的奢侈品定义也有类似逻辑，理查德·戈德斯维特的研究显示，与其他奢侈品相比，如挂毯和某些纺织品，佛罗伦萨的油画价格较低，但仍不失为“自我塑造”的主要手段之一。

如果价格（或加上其他要素）不能定义奢侈品，那么我们需要一个能充分考虑商品在特定文化中所获意义的定义，比如，为什么越南人会花这么多钱买犀牛角粉？为什么今天的某些美国人会花5000多美元买一瓶葡萄酒？目前看来，阿尔琼·阿帕杜拉的定义最为全面。他拒绝将奢侈品视为不必要商品，坚称奢侈品是“必要的”，它们所满足的是文化甚或政治的需求，而不是简单的物质需求。阿帕杜拉说，一件商品要想成为奢侈品，必须具备以下特质：

1　在纽约，一瓶大容量（相当于两瓶）的2005年波马德（Pomard）波尔多红酒售价为11995美元［出售该酒的雪利酒－莱曼（Sherry Lehman's）公司是纽约市顶级葡萄酒和烈酒的零售商之一］。——原书注

（1）可通过法律或价格限制精英；（2）购买动机复杂，可能反映，也可能不反映真正的稀缺性；（3）反映消费者单纯对符号的喜好；（4）需要专业知识解读的消费行为；（5）消费与身体、人、人格高度关联。根据这些标准，在中世纪晚期和文艺复兴早期，香料绝对属于标准的奢侈品。虽然不受法律限制，但它们的高昂价格令大多数普通人望而却步。此外，香料在欧洲奇货可居，其质量没有明确标准，即便在货源充足的特定市场，买方必须找到可信赖的商人推荐，或本人有专业鉴别能力，才能买到"真品"。使用香料也是一个复杂工程，烹饪者要掌握料理、医学和异国气候等相关常识。最后，香料与人体关系密切，也因此与摄入者和展示者身份有了相关性。

但在16世纪，尤其是17世纪，随着烹饪时尚的改变，香料渐渐从奢侈品行列中淡出。在15世纪的勃艮第和法国以及其他地区盛宴上广受追捧的香料烹饪美食，却成为16世纪意大利精英阶层眼中的"落伍之物"（图3–5）。

此时，虽然食谱、财务记录和文献上并没有迹象表明欧洲北部的烹饪风格已经发生明显变化，但到了文艺复兴末期，各地精英们都对重口味食物和一直以来的饮食习惯产生了反感。出于健康考虑，部分医生开始建议人们选择清淡饮食，倡导节制饮食的人文主义者同时还制定了就餐新规，进一步敦促人们远离香辣食物。就在同一时期，新产地的香料，如非洲的辣椒、新大陆的辣椒替代品和香料群岛以外的丁香、肉豆蔻陆续被发掘出来。这不仅大大增加了供给，也使那些曾经让人浮想联翩的神秘东方传奇贻笑大方，关于香料的传说更变成了无稽之谈。曾有一位学者将这种口味的转变归因于"文化的去神秘化"。最终，对香料的了解和使用沦为普通厨师的必

图3-5　佚名，摘自《法兰西大编年史：查理五世卷》。1378年，查理五世为查理六世及其长子瓦茨拉夫（1370—1379）举办宴会（裁剪版）。版权所有：法国国家图书馆

备技巧。与此同时，各种各样的新品食物从新旧大陆源源不断抵达欧洲，很快，咖啡、茶、烟草以及新大陆的糖（比加纳利群岛的品种更丰富、价格更便宜）将取代传统香料，成为“地位与品味”的新象征。肉桂、肉豆蔻、胡椒、藏红花以及其他香料虽然没有从欧洲人的厨房和药剂师那里消失，但价格有所回落，大概因为欧洲人

已经改变了饮食习惯，而香料也变得司空见惯。抑或是对香料的了解和使用不再是文艺复兴时期“自我塑造”的中心角色。总之，香料变得有价无市，需求明显降低。

郁金香

在资本主义历史上，郁金香的故事被称为“郁金香狂热”（tulipmania）。据说，荷兰人从17世纪早期开始就在郁金香球茎期货市场做投机生意，梦想着一夜荣华。于是，这个“来钱快”的市场迅速吸引了各阶层的大规模投资，有人甚至经常举债经营，郁金香价格因此在短短几个月内便翻了一番，在接下来几年的时间里，甚至接连翻了三四倍。然而，到了1637年，出于至今不明的原因，市场突然崩盘，数千人破产，荷兰经济也随之陷入衰退，某种程度上，郁金香市场已趋于枯竭。从这个故事可以看出，“郁金香热”是西方资本主义第一个投机泡沫，后来者还有18世纪的“南海泡沫”[1]、“密西西比泡沫”[2]、20世纪的网络泡沫以及今天的比特币泡沫。

当然，这个故事版本已被证实存在很强的误导性。但可以肯定的是，部分郁金香球茎品种的价格在17世纪30年代确实达到了惊

1 “南海泡沫”是指英国在1720年春天到秋天之间发生的一次经济泡沫。与同年的“密西西比泡沫”及1637年的“郁金香狂热”并称欧洲早期“三大经济泡沫”。始作俑者“南海公司”是一家身份特殊的英国海外贸易公司，实际以金融投资为主业，1713年开始在伦敦股市酿出泡沫，1720年春夏，南海股价骤升急跌，股市泡沫破裂，触发政坛动荡，同时也催生了市场监管、政府行为约束、潜在风险控制等现代金融市场要素的公共讨论。——译者注

2 “密西西比泡沫”是指法国在1719年至1720年发生的密西西比公司股市泡沫破裂的金融事件。——译者注

人的高度。经济学家彼得·加伯（Peter Garber）曾从为数不多的可靠数据中收集了一小部分样本，经统计发现，一种叫“永远的奥古斯都”的稀有球茎在1623年的售价为1盾，而在1637年的最高售价为5.5盾，当时阿姆斯特丹建筑行业的技术工人日薪约为1盾。历史学家安妮·戈德加（Anne Goldgar）列举的几组数据显示，1624年，有一个人收藏了当时荷兰的全部12个“永远的奥古斯都”球茎，每个价值1200盾（尽管没有一个球茎是以这个价格售出的）（图3-6）。不管这些报价可靠与否，郁金香在17世纪30年代变得异常昂贵是不争的事实。然而，截至1643年，价格竟然下跌了25%到75%。但彼得·加伯的研究表明，这其实并不像评论家经常描述得那么夸张。

关于“郁金香狂热”更完整、更准确的版本始于16世纪的文化领域，而不是市场。当然，经济崩溃后，其热度也同样在文化领域冷却。16世纪中期，郁金香有幸邂逅了一个长期迷恋花卉的欧洲社会，在这里，百合花、玫瑰和粉红色是画像、诗歌和祈祷中常用的代表性元素，象征着纯洁、爱与奉献。欧洲人在祈祷时会诵读玫瑰经，据一位学者解释，在长期培育改良花卉的过程中，欧洲人与玫瑰花形成了强烈的身体联结，因此，玫瑰成为祈祷时完美的冥想对象。

正如安妮·戈德加在她的《郁金香狂热》（*Tulipmania*）中所解释的那样，郁金香对欧洲人有着特殊的吸引力，不仅因为它们优美的外形和深沉的颜色令人赏心悦目，还因为它们来自奥斯曼土耳其，一个令人心驰神往的东方奢侈品发源地。然而，它们并非在中世纪融入荷兰文化，也没有被赋予玫瑰与百合那样神圣的宗教寓意，更没有进入资本主义市场（尽管许多学者采用相关术语来描述早期现

图3-6 “永远的奥古斯都”(1640年以前),帕萨迪纳诺顿西蒙艺术基金会

代荷兰经济)。其实,郁金香最初并没有被当作经济器物来买卖,而是作为美学器物在鉴赏家的社交圈中流传,既能吸引志同道合之人,又能彰显高贵身份。后来,人们像从世界各地收集绘画、贝壳和其他异国物品一样,开始收集、研究、关注各种郁金香,并把它们定格在著名的静物画中(因为真正的花朵不可能被时间凝结),营造永恒与无常的意象。随着新品种不断问世,分门别类的郁金香被贴上标签,成为作家与读者的宠儿,也成为旅馆、花园和家庭成员的热

门话题。

就像了解、收集和交易名画、珍本或“珍奇屋”中的珍奇动植物标本的过程一样，人们对郁金香球茎的宠幸也相当狂热，甚至可以被理解为文艺复兴时期“自我塑造”的一种形式（图3–7）。一直以来，进行郁金香交易和研究的都是同一群人，到了17世纪30年代，他们甚至成立了专门从事郁金香交易的公司，公司所有者同时也是郁金香专家，而不仅仅是匿名经纪人。这些人不仅属于同一个知识分子群体，即收藏家和美学家，还属于同一个社会阶层，这个社会阶层由血缘、居住地、宗教和贸易联系在一起的小群体组成。

图3–7 《自然历史》卷头插画，费兰特·伊佩拉托作品，1599年创作，折叠木刻版画，现收藏于那不勒斯

总的来说，他们是一个复杂多变社会中的特权阶层。

通常，双方在实际交付花茎之前很久就签订了销售合同，最长可达9个月，最短可达2个月，而实际交付的花茎可能会开花，也可能不会。因此，郁金香球茎市场的交易风险极高，但交易者有一个互信的小圈子，大家依靠对彼此的信任交付承诺的球茎，有时甚至替换掉体弱多病或损坏的次等品，并支付承诺的金额。

随着17世纪30年代郁金香市场持续升温，文化与经济之间的紧张关系骤然加剧，精英买家似乎毫无征兆地退出了市场，我们至今无从知晓真正原因。然而，我们能确定的是，当时的经济并没有受到危机的严重影响，这肯定是因为从事贸易活动和稀有品种交易的大户对郁金香的投资比例不高，而新进市场的少数普通民众也没有在郁金香的生产和销售上投入过多资金，明显只是碰碰运气而已。

虽然荷兰已有相对成熟的法律、法院和其他程序来应对破产、违约及金融危机后的种种残局，但置身其中的商家却没有也不愿意照章办事，这些商人或男或女，但他们首先是一群体面的绅士，他们与同行交易，分享彼此对郁金香的欣赏，承诺即是契约。他们谨慎理财，尽管可能被卷入了市场的旋涡，但并不认为自己（或过去并不认为自己）是市场的一部分，至少在郁金香方面不是。但现在，大家不得不面对现实：他们欠债或被欠债，债务人和债权人是朋友、家人、同行、邻居或关系亲密到可以讨论如何体面解决矛盾。大家会因此减免债务吗？或为了挽回声誉和社会关系而迫使债权人做出某种妥协？或干脆拒绝付款？

正如安妮·戈德加在其著作中所详述的那样，这些不确定性引发了一场文化危机，并引发了人们对所谓助长经济泡沫的“贪婪”

和“愚蠢”的讨论（其中大部分针对那些据说已经进入市场、但我们并不了解的社会底层人士）。事实上，经济的崩溃和繁荣本身也引发了人们对道德规范、实价与虚价（一个郁金香球茎真的值这么多钱吗？）、名誉及其与信誉和信贷价值联系等一系列问题的担忧和焦虑。从这个角度看，“郁金香狂热”确实揭示了资本主义的“恶”，然而，从文化角度来看，这个现象说明，文艺复兴时期精英们的价值观和文化实践看似远离商业旋涡，实则饱经其滋养和挑战。“郁金香狂热”绝不是金融泡沫，因为它并非源于市场逻辑，至少在其达到顶峰之前不是由市场逻辑驱动的。与18世纪的“南海泡沫”或“密西西比泡沫”不同，虽然社会和文化因素也对它们产生过深刻影响，但后者在追逐利益最大化的过程中诞生，就像20世纪的网络泡沫或今天的比特币狂热一样。“郁金香狂热”在文化中诞生，而后才进入市场，可以说是间接进入。最终，事实被改写，为了达到劝诫和修复市场的目的，人们将这个故事戏剧性地终结在文化领域。

在文艺复兴时期，香料和郁金香并不是“唯二”可以用来说明市场和文化之间动态关系的物品。贝壳、绘画、挂毯、异国的动植物标本、古代手稿，甚至是衣服、钱包、床等物品都处于摇摆不定的状态，夹在一个用珍品进行交易的市场和一个价值由完全不同逻辑决定的市场之间，所以，如果我们想要理解它们的吸引力和价格历史，就必须将其放在同一个背景下。与香料和郁金香一样，这些物品也可以提醒我们，如果将文艺复兴时期所有物品都简单归结为“经济器物”，那么，我们就会错过文艺复兴时期历史的重头戏。就像赫伊津哈在一百年前说的那样，当时的一切“奇迹”都拜时代所赐。

第四章

日常器物

欧洲文艺复兴时期的纸张、信件、扑克牌、印刷物和笔记本

彼得·斯塔利布拉斯

1958年，吕西安·费弗尔（Lucien Febvre）与亨利-让·马丁（Henri-Jean Martin）发表了一本描述书籍形成的作品——《印刷书的诞生》（*L'Apparition du Livre*），其后的英文译本副标题为《印刷的影响，1450—1800年》。然而，许多学者指出，“印刷书的诞生”与印刷本身明显存在冲突，甚至是矛盾，因为“书”并非于1450年首次出现，已有文献可以还原1世纪到欧洲使用活字印刷以及抄本和书本形式的完整历程。15世纪之前，“书”曾屡经创新：装订技术的发明，让整个基督教《圣经》可以装进一个抄本；13世纪超薄羊皮纸的出现，成为袖珍版《圣经》普及的先决条件；后来，人们又开发了一系列新式检索功能和新式书写体。换句话说，1450年的“书”并没有任何新奇之处，此前的脱胎换骨已经奠定了“书”的基本特征。

特别要向安·布莱尔（Ann Blair）、罗杰·夏蒂埃（Roger

Chartier）和希瑟·沃尔夫（Heather Wolfe）致谢，尤其要感谢希瑟·沃尔夫女士。长期以来，人们认为每刀[1]24—25张的日常用纸成本太高，而她关于纸张成本的研究正在帮助人们走出误区。

毋庸置疑，印刷术的诞生使书籍以革命性规模增加。据马丁估计，至15世纪末，全世界仅有1100万到1500万本书，而16世纪一个百年期间就生产了1.5亿到2亿本书。当然，这些数据仍有待修正，但毫无疑问，实际数字只多不少。而这场变革的实现则有赖于强大的物质材料支持：制作468册对开本的《温彻斯特圣经》需要大约250头小牛，即使是200本小规模的《古腾堡圣经》也需要3万头小牛（事实上，只有 35本印在羊皮纸上，用了约5250张皮）。到了16世纪，对开本《圣经》的印量达到了上千册，如此算来，如果一版《圣经》需要用100张羊皮或山羊皮印制，那么，总共就需要10万张羊皮。当然，在羊皮上进行如此大规模的印刷工作可能性不大，只有普通纸张才可担此重任。到了1500年，一张羊皮纸的价格大约相当于25张同样尺寸纸张的价格。

然而，人们往往会忽视费弗尔和马丁研究中的一个重要观点，即他们认为纸张革命是印刷革命的先决条件。其实，印刷和纸张皆非新奇事物，中国人从8世纪开始就已经在纸上印刷佛教图像、符咒和祷文，到了公元10世纪，已有84000卷印刷本诞生，且仅唐末五代僧人延寿一人就印刷了140000张弥勒佛塔图像。从公元前的两个世纪开始，中国就有了关于纸的详细记载，并在8世纪传播到伊

---

1 刀，纸张专用计量单位。其中手工纸多数以100张为一刀；机械纸的一刀为25张，即一令纸的1/20。——编者注

斯兰世界。西班牙伊斯兰地区见证了纸张在欧洲的第一次飞跃。然而，中世纪的欧洲人对纸的需求极其有限，尤其在北欧地区。在1350年前的荷兰，人们很少用纸制作手稿，英国人用纸制作书籍的历史也不长，直到1400年纸质书稿仍属罕见。1450年，英国只有约20%的纸质书，到了1500年，活字印刷出现后，这个数字超过了50%。

与此同时，纸张成本开始迅速下降：

早在14世纪末期，一刀纸（25张）的价格并不比普通兽皮高，但却至少能裁制出8倍于兽皮同等大小的纸张。此外，15世纪纸张贸易的增长促使其价格稳步下降，到15世纪中叶，价格下降了一半，到1500年又下降了一半。

虽然15世纪的修道院仍选用羊皮纸制作手稿，但大学课本以及城镇和商人的记录本已改用更便宜的纸张。纸张成本的降低使便捷而廉价的书稿有了更大的市场。如果采用哥特式字体抄写书稿，书中每个字母的笔画都很复杂，根本无法提速，一个抄写员通常一天只能写4页到6页中等质量的手稿，而要实现更高的书写质量，一天只能完成2页。而后，随着草书的广泛应用，抄写员的速度大大提高，然而相较于纸张的价格，抄写成本仍然居高不下。

在书史上，人们一直对纸张价格存在误解，认为“纸张很贵”，或者“高额的纸张支出是出版物的主要成本”。其实，上述误解的产生情有可原，对于复印者而言，每次出版书籍所需的纸张数量确实过于庞大。以复印1568年的对开本《主教圣经》为例，每版需要使用409张大纸，如果复印1000版则意味着国王的印刷厂仅仅为这一本书就需要订购409000张纸，况且，他们还在同时印刷其他书籍、小册子、政府文件和表格。如大卫·麦克特里克（David McKitterick）所言：

迄今为止，纸张成本仍是书本制造过程中的最大支出，即使在英国之外更容易获得纸张的出版机构，这项花费也约占总成本的一半以上。16世纪晚期，普兰廷出版社的纸张占生产成本的60%，在更长的运行期内则高达70%。

但根据印刷所涉及的庞大数量可以推断，纸张的单价不可能过高。正如希瑟·沃尔夫所说，16世纪后期，一张大书写纸（本身比印刷纸更贵，因为它需要更多的动物胶来降低吸水性）的成本约为0.2便士[1]，而25张（大多数人的购买单位）的成本约为4便士。英国的纸张价格包含从低地国家、法国和意大利的进口成本及额外税收，因此，比在欧洲大陆要高一些。

印刷商购买（或由顾客和出版商提供）纸张往往按“令”（1令500张纸）计，其中 480张或490张可用，而政府采购则以“刀”（每刀24—25张）计。1612年，伦敦文具公司颁布了一项规定，要求民谣印刷必须使用成本至少为每令2先令8便士的纸张（等于每张纸0.065便士）。当然，这是印刷纸张的批发价格。1598年，文具商公司规定，一本关于异食癖的印刷版书籍零售价格不得超过0.5便士，而较小和较长底版的零售价则不得超过2/3便士。其实，实际价格可能会有很大差异，一张印刷纸的价格可能从1法新（英国1961年前使用的旧铜币，约为1/4便士）到1便士不等，但我们仍可

1 英国货币辅币单位，类似于中国的“分”。1970年以前采用旧制，1英镑=240便士（1先令=12便士，1英镑=20先令）；1971年起采用新制，1英镑=100新便士。——编者注

以看出，除非生活窘迫，否则单页民谣或一副廉价扑克牌（每张纸可以印刷多张纸牌）并不构成人们日常生活的大头开销。尽管每张纸都必须手工制作，在一个以3人为小组的作坊里，根据纸张的大小、重量和所需要的纸张质量，一个大桶一天可以生产1000—4000张纸。

另外，某些艺术历史学家的行为也可能让人们对纸张价格心生误解。比如，荷兰画家伦勃朗就经常把几幅画画在一张小纸上，貌似为了降低成本。但文艺复兴时期艺术家们的“特殊”操作并非节约之道，沃尔特·惠特曼和艾米莉·狄金森也偏爱在信件和信封上信马由缰。同理，我们今天之所以愿意在信封背面或报纸碎片上列出购物清单，并非白纸贵不可及，而是因为用新纸“打草稿”属实“浪费”（草稿应该是临时的且可以随时修改的）。事实上，到了15世纪，用途广泛的纸张已触手可及。

当然，由于尺寸、质量和制作工艺不同，部分纸张价格仍居高不下。即便如此，对于像列奥纳多·达·芬奇这样的艺术家来说，高额的创作费用仍主要源自庞大的纸张数量。列奥纳多曾为创作《安吉里之战》（*Battle of Anghiari*）的两幅草图订购了950张“皇家”纸，每刀为11—12索尔迪[1]（相当于每张纸不到半便士），约为理一次发的价格。而当时的列奥纳多可以花20索尔迪买一份茴香糖果，花40—120索尔迪买一条紧身裤，花225索尔迪（或以20倍的价格）买

1 索尔迪，Soldi，12世纪至18世纪的一种意大利银币，12世纪末由亨利六世在米兰首次发行。—— 译者注

一米天鹅绒。[1]

毫无疑问，早在印刷术传入欧洲之前，纸张就已经被广泛采用。据阿曼多·佩特鲁奇（Armando Petrucci）所述，1154年至1164年的《热那亚协议》要求公证人分三步起草合同：

1. 合同草稿需写在一张小纸上或一本小册子（手册）里。

2. 会议记录要写在一张大登记册上（法律合同）。

3. 如有需要，将合同或公章记录写在羊皮纸上。

佩特鲁奇还向读者展示了彼特拉克如何在14世纪的乡土诗歌创作中再现这个操作实践（包括为羊皮纸上的最终稿起草的早期草稿）。最初，彼特拉克会在散页上流畅地勾勒初稿，边写边快速删减增补；然后，他用优雅的字体将其中一部分誊写到纸上；最后，抄写员乔瓦尼·马尔帕吉尼（Giovanni Malpaghini）或他自己在羊皮纸上完成终稿。佩得鲁奇强调说，实际上，即起草、抄写、保存——即将在19世纪成为主流的文本创作步骤——是彼特拉克在14世纪从意大利公证员的日常工作实践中学到的。但当时很少有其他欧洲文学作家追随模仿，直到19世纪德国和法国建立了文学档案馆，这种保存草稿的做法才被广泛采纳。

虽然12世纪之前的欧洲（尤其是意大利）商人、公证人和政府官员都使用白纸办公，但装订好的纸质笔记本在“古腾堡革命”之前和刚结束时还未普及。同时，读者在这里应该区分两个年代，一

1　当年，列奥纳多·达·芬奇在木板厅作画的底稿用了价值12索迪尔的18个笔记本和价值11索迪尔的1个笔记本……根据1389年波伦亚法律定义，1令纸（500张）可做成20个笔记本，而一个笔记本中包含25张纸。1454年的法令几乎逐字逐句解读了这个换算。——原书注

个是印刷书刚诞生的前50年到100年，彼时，空白笔记本仍属稀缺之物；另一个是空白笔记本开始大规模流行的16世纪初期。15世纪下半叶，大多数读者依旧沿袭了中世纪的学习习惯，即在书的空白处做笔记，鲁道夫·赫希（Rudolf Hirsch）注意到，“15世纪，许多莱比锡版画的文本选择和排版显然是为了方便大学生使用。此类书的铅字加得很重，行间距和页边留得很宽”。在耶鲁大学一本关于亚里士多德著作的莱比锡教科书中，手稿注释的数量是印刷文本的2.5倍，一个68页的文本中竟然出现36900个旁注单词和21000个行间注释单词。

许多畅销书在印刷之初就为读者预留了足够的注释空间，以热情鼓励大家手写注释。莱昂·沃特（Leon Voet）在一篇关于普兰廷出版社的权威报道中写道，“在供学校使用的古典作家作品教材中，普兰廷不仅选择了大版式和大字号，还预留了慷慨的边距，以方便学生做笔记”。特别在“古版书时期”（incunable period）[1]，为了方便读者学习，印刷商特意为各个阶段的在校生设计了宽边距和宽行距教材。以特伦斯（Terence）的作品为例，当时整个欧洲的男、女修道院和学校都通过学习和表演他的经典戏剧来学习拉丁文，因此，几乎所有特伦斯作品的早期复印版都写满了各种各样的注释。彼时，印刷书籍刺激了人们的写作欲望。

---

1 在西方印刷与书籍设计的文献中，“古版书”（incunabulum一般常用复数incunabula）一词源于拉丁文“cunae”，原意为“摇篮”（cradle），泛指各种事物最初发展的状况，但在当代字典中已被引申为描述欧洲活字印刷初期的印刷书籍。“古版书”一词最初由17世纪的书籍学者提出，专指1450—1500年这一时期的印刷本。——译者注

这种写作不一定需要专门训练，事实上，老师会鼓励学生随时在空白纸上练笔，这其中就包括书页的边缘。在耶鲁大学出版社于1475年出版的意大利版对开本《特伦斯》中，每一页的空白处都能发现不同读者的注释。在右上角，一名抄写员手动添加了对开本的编号“25”，还有人在大写字母“S”和“P”下方画了一些尚未完成的装饰图案。在另一个右页空白处，一位读者添加了注释“凯撒，男”。另一位注释者可能是一个正在学习写字的孩子，他似乎想用大写字母写出作者“Publius Terentius”的名字，但写完“PVBLII”后，就把“Terentii”简化成了“TENTII”，之后，这个孩子决定在右边空白处再次尝试去写“PVBLII”中的“B”。

16世纪初，学生在课本上记笔记的现象仍然非常普遍。1513年，路德在一次讲授《赞美诗》(*The Psalms*)的活动前，专门从维滕贝格的印刷商约翰·格罗嫩贝格(Johann Gronenberg)那里订购了一批特制版，“两侧有宽边空白，字里行间有空格留白，以供读者注释”。正如英国学者布莱恩·卡明斯(Brian Cummings)教授所言:

路德为学生定制了《赞美诗》特别版，以方便他们做笔记。之后，在《罗马书》《迦拉太书》和《希伯来书》的讲授过程中，路德沿用此法。讲座大多口述完成，除了在行间和页边附上核心词汇，路德还将拓展的神学知识手写在空白页上，装订在印刷文本之后口述给学生。

另外，“空白页与印刷页有相同的水印”，说明这个教学版专门为学生提供了作为注释之用的空白纸张。但到了16世纪末，人们理所应当地认为学生都会有自己的空白笔记本。

路德的例子表明，人们凭空想象出来的所谓“印刷”和“书写”

之间的对立很可能令自己陷入误区，认为印刷会导致手写减少（与手抄书数量减少的真正原因正好相反）。其实，印刷商和出版商一直鼓励读者对稿件进行校正。在1623年版的《古兹曼·德·阿尔法拉切》（*Guzmán de Alfarache*）出版前言中，英国出版商爱德华·布朗特（Edward Blount）请求“谨慎而好奇的读者”在开始阅读之前能够校正文中的无心之错，并在下方注明。但更正和修改只是鼓励读者在印刷书中写作的部分尝试，在作家自己的序言中，马特奥·阿莱曼写道：“恳请您不吝赐教，慷慨校正这本属于您的作品，书中已留出足够空间供您指正。”遵照阿莱曼的意见，布朗特在书的正文周围备下了专门的留白，以便读者亲手校正。

在16、17世纪，研读教育论文的读者通常会一边阅读，一边在页边空白处做注释，并将重点标记段落誊写到笔记本上。在1612年首次出版的《语法学校》（*Ludus Literarius*）一书中，英国著名学者约翰·布林斯利（John Brinsley）写道，为了牢记语法规则，学生应“优雅地”在书中空白处做记号或注释，或把某段话抄写在笔记本上。事实上，布林斯利经常在书中反复强调页边空白的重要性。他要求学生在制作自己的手稿时，也必须“要留下足够的页边空白，以便记下有用之词”，还应当在注释上方添加标题，以便加深记忆，方便日后检索。两页后，布林斯利继续写道：“做旁注有助于加深对知识的理解和记忆”。学生的手稿笔记是教师口述、教科书和其他印刷读物的精华所在。“我们建议所有会写字的人都要做笔记”，而且现在“古代古典作家们”带来的阅读困难已经被轻松解决，“主要难点都已收录在斯托克伍德（M.Stockwoods）于1607年印刷出版的最终卷本中”。如果这本参考书可以扫清阅读障碍，那么写作的困难也会迎刃而解，学生们可以去查阅《诗库词典》（*Thesaurus Poeticus*）和《同义词词典》（*Sylua Synonimorum*），“这两本关于修饰语和各种诗歌短语的词典，值得每位学习者阅读”。而要学会自己创作诗歌，最简单的方法就是把《弗洛雷斯诗集》（*Flores Poetarum*）中的选段拼接起来。布林斯利和他的印刷商还利用印刷教科书的页边空白，向读者强调手写稿和印刷空白页的重要性。在此过程中，文本与注释手稿和印刷稿的互动与呼应，进一步刺激了新文本的诞生。

17世纪，摩拉维亚教育改革家扬·阿姆斯·夸美纽斯（Jan Amos Comenius）出版了一本拉丁语教科书，直到19世纪该书一直畅销整个欧洲。作者在书中表示，学者理应在阅读印刷书籍时养成做笔记的习惯。他在“书房”一课的英文版中说道：

在书房这个远离喧嚣的处所，学生可以沉浸式阅读，信手拿来自己喜欢的读物，俯首案头，或将精华收入笔记，或用破折号和星号做下旁注。

这段文字表明，学生阅读时可以用两种互补的方式做笔记：一是在空白处用破折号或星号做标记；二是将书中的“精华”抄写到“笔记本”中。与此同时，我们发现，16、17世纪的人们在笔记本上的支出越来越多。1627年3月20日，爱德华·德林爵士（Sir Edward Dering）购买了6个笔记本，每本包括5刀纸张。每个笔记本都是用羊皮纸装订的，6本加起来要12先令，所以每张纸的价格不到0.2便士，每个本子价值2先令，其中对开本有500页，四开本有1000页，令人难以置信的是，八开本有2000页。到了17世纪，羊皮纸和纸张的成本差急剧拉开。1643年，英国议会定期会支付8先令订购12张羊皮，而“最好的罗亚尔纸”每刀售价仅为12张羊皮的1/6，最好的羊皮纸可能还要比这贵得多，1627年，戴恩爵士花了1先令2便士买了一张昂贵的“维龙皮”（Vellom）[1]。

目前，尚无证据确认中世纪的文具商是否或何时出售过空白的羊皮纸笔记本。理查德·劳斯（Richard Rouse）和玛丽·劳斯（Mary Rouse）在1989年写下的这段话确实非常有道理：

与羊皮纸或纸张相比，蜡板与西方文明的联系更持久，与文学创作的关系也更密切。

从古典时代到中世纪，人们通常将简短的笔记和粗略的草稿写在蜡板上，但蜡板笔记本的尺寸终归有限。法国编年史家鲍德里·德·布尔盖伊（Baudri de Bourgueil，1050—1130）曾在他写的几首小诗中描绘了他的蜡质笔记本：它由8片小木叶组成，用皮条捆扎后形成16页。其中，14页涂有绿蜡，可供人写字。布尔盖伊告诉读者，每页蜡纸上最多只能写下8行诗歌，这意味着他在一个这样的本里最多只能写112行，就必须将它们誊到羊皮纸上。在另一首诗中，他抱怨抄写员休（Hugh）跟不上自己的写作速度，害他白白浪费几个小时等待，只有等休完成誊写，他才可以抹掉蜡片上的字，继续创作。由此可见，蜡片的局限性不言自明，如此反复涂抹肯定不适合保存笔记。

希尔德加德·冯·宾根（Hildegard of Bingen）[2]在蜡板上进行创

1 一种由羔羊皮、小山羊皮或小牛皮制成的兽皮纸，是质量非常高的书写纸。—— 译者注

2 希尔德加德·冯·宾根（1098—1179），又被称为莱茵河的女先知（Sibyl of the Rhine），中世纪德国神学家、作曲家、作家、天主教圣人、教会圣师。她担任过女修道院院长、修道院领袖，同时也是哲学家、科学家、医师、语言学家、社会活动家及博物学家。—— 译者注

作的轶事流传甚广。与鲍德里的笔记本一样，她的蜡板也是由几片木叶捆在一起组成，表面覆有彩蜡。她忠实的书记员、僧侣沃尔马（Volmar）用钢笔和墨水将她的文字誊写在他夹在胳膊下的羊皮纸上。人们从未看见希尔德加德用钢笔写作，她总是用一支尖笔在蜡质笔记本上写东西，笔尖一端是尖的，另一端是用来涂抹字迹的横杆，这样，蜡片表面就可以在灵感乍现时反复使用。

今天，学生带着各式空白笔记本上课已司空见惯。但在中世纪，昂贵的成本让羊皮纸笔记本的制作和购买困难重重。尽管西班牙人从11世纪就开始使用纸张，但直到15世纪才广泛采用，而直至1400年，纸质书在北欧诸国仍属稀罕之物。到了15世纪末，纸已经成为印刷和手抄书籍的主要材料，到了16世纪，纸的革命使得纸张和装订好的笔记本触手可及。

荷兰画家扬·戈萨尔特（Jan Gossart）于1530年在安特卫普创作了一幅《扬·斯诺克的肖像》，从这幅画中，我们可以领略纸张和羊皮纸的多种处理与保存方法。[1]画中，新晋的荷兰霍林赫姆河收费员斯诺克正在伏案工作，乍看上去，他是在一个纸质笔记本上写字，但事实是，他正在一张单页纸上书写，这张纸被对折成两页，放在一堆折叠但未缝合过的纸上，这堆纸的下面才是一个带羊皮纸封皮的笔记本，斯诺克正在使用的纸张需要一道缝合工序才可成为书的一部分。然而，在商人头部的两侧，我们发现了另外一种颠覆性的装订方式，即用一根绳子将多页纸张串联起来。事实上，“file”这

1　扬·戈萨尔特创作的《扬·斯诺克的肖像》现藏于华盛顿特区的国家美术馆。这幅画的另一个版本在费城艺术博物馆的约翰·G. 约翰逊收藏馆。——原书注

个词来源于拉丁语“filum”，意思是“一根线或一根绳子”。

画中出现了两种类型的文档，左上角文档被标注为“杂乱的信件”（Alrehande Missiven），右上角标注了“杂乱的草稿”（Alrehande Minuten）。正面看上去，纸上的字母都是上下颠倒的，这种倒挂的方法不仅能够防止擅自闯入的不速之客偷窥，也方便商人自己随手翻阅。从戈萨尔特的画中发现当时商人的档案整理方法后，我和希瑟·沃尔夫才意识到，原来直到17世纪剑桥大学都还在用这种方式保存档案。与戈萨尔特画中的保存方式类似，剑桥归档文件的最后一页均有一张羊皮纸，以便运输时可以将文件卷起来保护。事实上，这种保管方式既有利于文件的永久留存，又方便运输携带。[1]

人们可以在字典条目中，追溯这种档案整理方法在整个欧洲的传播情况：

文件是指用线或绳子将法院的文档或其他陈列品固定，方便安全保存。

将信件归档，即将其用一根短绳串起来。

与此同时，越来越多的简易存档设备出现在大规模的文具采购清单中。英国1643年的一项议会法案记录了早期官僚机构所需书写材料的范围。法案的标题是：“1643年12月21日亨利·史密斯为坎布登委员会支付生活必需品等费用的账单”。这些物品包括纸张、羊皮纸、羽毛笔，也有“针线和细带”。其中，针、线和细带用来将散落的文件页装订成半永久文件，这些小物件的价格并不比上等皇家

1 非常感谢希瑟·沃尔夫（Heather Wolfe）在文件归档方面的贡献，其中一些观点收录在“笔记和归档”中，该论文于2005年4月7日在剑桥大学美国文艺复兴协会发表。——原书注

纸张便宜多少。

近年来，有关议会保存文件方法的文献锐减。但幸运的是，我在伦敦公共档案办公室（PRO）工作时收到了一封来自希瑟·沃尔夫的电子邮件，她是福尔杰莎士比亚图书馆的手稿策展人，当时正在亨廷顿图书馆处理信件。此前，她偶然注意到正在处理的上千封信件底部都有小洞。起初，她也不明就里，但因为此前我们曾因不同目的研究分析过扬·戈萨尔特的商人肖像，某一天，她恍然大悟，原来这些文件都曾被“归档”。就像戈萨尔特画作中倒挂的信件一样，这些信件底部的小洞是为了方便倒挂在墙上，查阅时，只要将其翻过来即可。我在伦敦公共档案办公室工作时研究的空白表格，最近被粘在了空白的大本子上，且每张表格上都有一个或多个小洞，与16世纪议会保存资料的形式如出一辙。这样看来，他们正在拆解议会在3个半世纪前精心整理过的文件。幸运的是，在杰森·皮西（Jason Peacey）的帮助下，我又发现了一些保存完好的文件。这些文件的装订方式各有不同：有的用羊皮纸穿过两个洞，然后拧在一起；有的用一根线缝起文件的两端；有的用针别住；还有的用蕾丝和细绳捆绑着。我发现其中几条细带正好是亨利·史密斯在1643年订购的。这些细带就像我们的鞋带一样，两端是金属，不仅防止磨损，且方便穿过小孔。

这些文件也是古腾堡革命成果的一部分。与此同时，印刷术还极大地促进了空白笔记本的发展，人们可以在空白笔记本上记录日常事务、财务账目、天气、布道、草图等各种各样的信息。现在，如果我们再回头仔细观察戈萨尔特的画，便可在画的右下角发现这样一个笔记本，之所以没有第一时间辨别出来，是因为它的上面画了一个用于称量金币的秤。这个笔记本外表看起来有些像现在的钱包，翻盖上面有一个金属扣，扣子由一个黄铜色的铁针固定着。无独有偶，我发现的最早的同类笔记本也是同一时间在同一城市制作的，而且我确信它们与戈萨尔特画中的那个出自同一人之手。这个笔记本现被纽约公共图书馆收藏，在那里，你可以看到实物，拿出铜针，打开书，看看里面是什么。我猜的没错，那确实是一个空白笔记本，但里面附有很多印刷材料，如年鉴和计算黄金重量的表格。这本书的扉页是用荷兰语打印的：

提醒：

• 你可以用金、银、锡、铜或黄铜笔在此处书写，想擦除（您所写内容）时，沾湿手指即可。如果（可擦除的）表面磨损、不能继续写字时，您可花一点儿钱请代理商扬 · 瑟斯宗（Jan Severszoon）加以修复，保证笔记本焕然一新。

• 售卖地址：著名商业城市安特卫普，隆巴尔德维斯特，代理商扬 · 瑟斯宗，装订人扬 · 加斯顿（Jan Gasten）。

• 如果您的手指沾上了油脂，用一块黏土海绵加少许面粉清洗即可洗净。

• 公元1527年。

之前我提到，戈萨尔特画中的笔记本被一杆用来称量金币的磅秤遮盖住了。其实，笔记本里另有玄机，里面附有一张与天平和金币密切相关的印刷表格，上面标注了市面流通的不同种类的金币重量。这种表格也是可擦拭笔记本的标配。

16世纪后期，类似的笔记本在伦敦大量上市。与安特卫普笔记本一样，它们也有日历和擦拭说明。但在伦敦，说明书与日历编辑在一起，印在“12月”的下面：

（早期版本中附加了一句话：提示那些仍不知如何操作者）为了清除写在表里的文字，准备一块干净无油的海绵或亚麻布，在水中浸湿后，用力拧干，然后轻轻擦拭文字便可。一刻钟后，可重复操作一次。注意：书页潮湿时请不要将它们放在一起。

这种由纸或者羊皮纸制成的可擦拭书页也是印刷材料的一部分，表面涂有石膏和胶水的混合物。使用者可以选择软金属、墨水或石墨在其表面书写，这三种材料都很容易擦除。像安特卫普笔记本一样，这些空白笔记本里也有标注钱币重量的表格。笔记本中还有6页帮助人们识别不同流通货币的木刻金币版画。当然，这些表格也从侧面证明了英国商人在接受阿拉伯数字方面严重“滞后”，彼时，法国已经开始使用标准的阿拉伯数字了，而英国商人的乘法表仍沿用罗马数字。[1]

到了16世纪，各种各样的空白纸笔记本已经走进了政府官员、商人、学生、学者和店主的日常生活中。与此同时，更多人开始（比如工匠的孩子）学习如何写信。要知道，会写信不仅是文化人的标志，也是必备的商业素养，还是与家人和朋友保持热络的良方。

1　这些带有木刻硬币和乘法表的可擦除笔记本上的表格，分别拷贝自带25年日历的弗兰克·亚当斯（Frank Adams）书写表（伦敦：弗兰克·亚当斯，约1577年）和标有23年日历的奥利弗·里奇（Oliver Ridge）书写表（伦敦：文具公司，约1628年）。考虑到许多副本残缺不全，有的版本仅有一个副本存活下来，且小型笔记本消失率极高，很可能不仅是大部分副本，甚至是大部分版本都已经丢失。约翰·巴纳德（John Barnard）指出：“从1660年到1700年，每年以万计印刷的《初级读本》，现在一个图书馆中只有一个副本，这充分说明了短、小版出版物的高损失率。”——原书注

在中世纪，写信只是神职人员、学者、官员和精英商人的专利，但到了16世纪，随着新邮政系统和新闻网络的普及，写信逐渐成为普罗大众的寻常技能。

一时间，印刷术助推的书信写作热情持续升温。其中，古典学者伊拉斯谟（Erasmus）于1522年在巴塞尔（Basle）首次出版的《征召书信体作品》（*Opus de Conscribendis Epistolis*）最有影响力。作者在书中强调，男孩及极少数女孩必须要掌握用拉丁语写信的能力。到1540年，伊拉斯谟的教科书已经发行了50多个版本，遍布巴塞尔、斯特拉斯堡、科隆、安特卫普、巴黎、里昂、威尼斯、维罗纳、克拉科夫和阿尔卡拉，并从主要印刷中心，如安特卫普、科隆和巴黎，辐射到了欧洲各地的小城镇和村庄。其间，人们不断对其进行模仿、删减，以适应文化水平稍低的学习群体。后来，这本经过改编和翻译的拉丁文教材成为拉丁语白话文写作的指导范例。

1789 年，也就是这一版本终止发行近200年后，人们发现，特鲁瓦一家小型印刷商和书商库存的433069本书籍中，竟然有三种《信件模板手册》法文复印版5832份。事实上，这种书信范本最早于16世纪30年代在法国以法语出版：《秘书及其他人渴望了解的用法语口述所有信件和书信的艺术、风格以及回信方式》。与此同时，在世作家创作的常用法语信件开始被印刷出版。书信体浪漫故事《因爱情而痛苦焦虑的安戈伊西斯》以“玛格丽特·布里埃”为笔名出版，作家是“一位离开丈夫后开始文学生涯的年轻女士”。1569年，前王太后秘书艾蒂安·杜·特隆切特（Etienne du Tronchet）出版了一本常用秘书信件集，其中包括个人原创信件、模仿其他法国作家的信件以及译自意大利语的信件。截至1623年，这本书一共出版了26次。

这一时期的英格兰出版业被法国远远地甩在身后。16世纪上半叶，英语读者只好将就着使用进口的拉丁文、意大利语和法语书信范本。1568年，威廉·富尔伍德出版了信件样书《懒惰之敌》(*The Enemy of Idleness*)，翻译改编自让·德·拉·莫因1566年出版的《撰写、口述各种书信或信函的风格与方式》，一经出版就大获成功，到1621年，共重印了10次，后来者纷纷仿效。1576年，亚伯拉罕·弗莱明(Abraham Fleming)发表了《书信全集》(*A Panoply of Epistles*)；1586年，安吉尔·戴(Angel Day)的《英国秘书》(*The English Secretary*)问世。此处提及这些书信范例并非为了强调作家们的创作工具是“纸”，而要说明，他们的创作大大刺激了读者买纸写字的积极性。马克·布兰德(Mark Bland)说，1600年，英国的进口纸张中只有1/4用于印刷。这一观点至少说明两个问题：一方面，英格兰的大多数书籍依靠进口；而另一方面，则揭示出纸张被越来越多地用于手写，被越来越多的作家使用，尤其是那些从未被要求学习拉丁语的女性、男性和儿童。[1]

这些幸存下来的信件有一个显著特征，即简短(与西塞罗的范本不同)，颇有浪费纸张的嫌疑。绝大多数的信件都有大量未使用的空白空间，据说是有意为之。从16世纪开始，种类繁多的书信写作手册横空出世，数量之多令人瞠目，尽管这些小册子的指导原则面面俱到，却很少提到通信者所关注的共性问题：写信前，是否有必要将长

1 布兰德认为，在1600年，英格兰80%的文本是手稿，而不是印刷文本。考虑到尚有大量信件、笔记和书面文字未保存，实际数目可能超乎想象。——原书注

方形纸张对折成两张四页。这其实是在印刷车间动用大量纸张进行印刷时的操作步骤，对使用单张纸写信的人没什么参考价值。但是，纸上的留白越多，写作空间就越小：预先对折一张纸来制成四页，使第一页看起来像一封长信，即便它只占用了四分之一。在19世纪标准化信封被引入之前，第4页通常用于书写地址。但从后来的许多信件上可以看出，人们其实可以在第4页的上标周围书写，也可以交叉书写。但这是为了减少邮政成本，而不是为了节省纸张。

例如，图4-1是红衣主教雷金纳德·波尔（Reginald Pole）写给侄女凯瑟琳——亨廷顿伯爵夫人的一封典型私人信件。凯瑟琳和丈夫为他们的女儿安排了一场童婚，波尔担心这两个孩子会被迫发生性关系，警告说“他们应该在成年后结婚生子”。他还提醒凯瑟琳说，当年她在12岁之前结婚时，自己就曾出面进行过干预。之后，他在信的结尾加上了附注：匆忙写于1月某日/爱你的叔叔。但随后，波尔将纸张转动了90度，在正文212个单词的基础上又增加了几行字：“恭祝女王陛下身体安康。愿上帝保佑我无比信任的女王阁下及您的子民。”波尔的信件只写在一页纸上，当该页划定的书写空间（预留了很大的左边距）不足时，他便继续写在稿纸的右侧。

但上图极易误导读者，因为波尔的信写在一张纸的右半部分，而这张纸的左半部分全部用来书写地址（图4-2）。如果现在翻开信件，可以看到第2页和第3页完全是空白的（图4-3）。亨廷顿图书馆现有10封红衣主教波尔的信件，全部都写在提前折好的两张四页的对开页上。在10封信中，只有1封的第2页上有字，有4封都写在第1页的左边。换句话说，波尔佯装写了很多“长信”，似乎用尽了所有可用空间，实际上，大多都是空白。如果忽略那些地址不计，

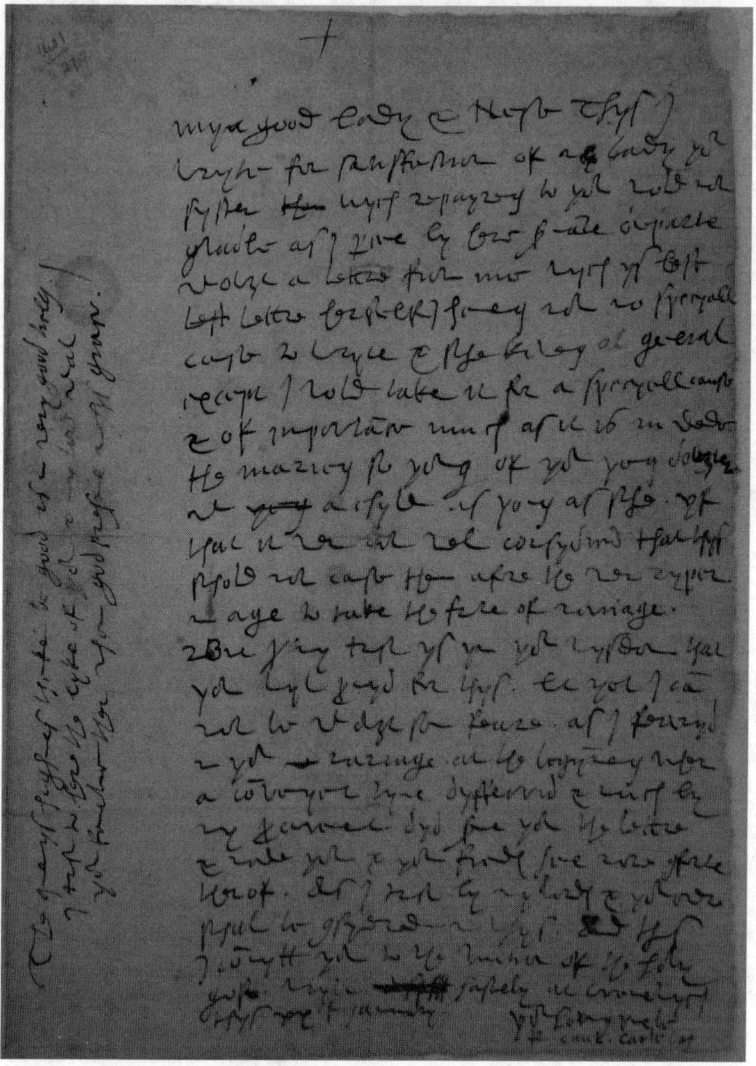

图4-1　红衣主教雷金纳德·波尔于1557年1月20日写给侄女亨廷顿伯爵夫人凯瑟琳的书信。版权所有：加州亨廷顿图书馆

图4-2　红衣主教雷金纳德·波尔于1557年1月20日写给侄女亨廷顿伯爵夫人凯瑟琳的书信的第4页和第1页。第4页除了地址（由秘书添加）和印章外都是空白的。版权所有：加州亨廷顿图书馆

图4-3　红衣主教雷金纳德·波尔于1557年1月20日写给侄女亨廷顿伯爵夫人凯瑟琳的书信。空白页第2页和第3页。版权所有：加州亨廷顿图书馆

波尔大概只用了四分之一的页面，而这是16世纪欧洲的通行做法。在我研究过的16世纪的信件中，绝大多数只有一页或者更少，事实上，我估计半页或少于半页更接近常态。换言之，16世纪一封普通信件的四分之三以上都是白纸。

美国历史学家安·布莱尔（Ann Blair）注意到，历史上百科全书编纂者第一次大量储存笔记的前提是，少量的纸张会非常廉价。假定纸的成本很高，而档案中保存的大量信件又以空白居多，两者明显前后矛盾。[1]如果纸张真的这么贵，为什么收件人不循环利用这些白纸？为什么16世纪信件中的空白纸比20世纪（纸张更便宜的时代）更常见？更奇怪的是，从18世纪到20世纪，纸张越来越便宜，写信人使用的纸张尺寸却越来越小。另外，小尺寸纸张最初由贵族推行，而非试图节约成本的穷人所为。[2]

现在，让我们回头看一下印刷文本，这里要强调的是，就版式而言（不考虑纸张消费因素），绝大多数文本由上百万短篇组成，其读者群比整本书的还多。1454年至1455年，古腾堡放下了手头大约180本《圣经》的编撰工作，转而印刷了2000份30行“赎罪券”，之所以接受这份工作，是因为印刷《圣经》需要大量资金投入，光是纸张的成本就很惊人。而印刷赎罪券不但能够收到预付款，现金回流也很快，这样一来，古腾堡不仅能维持生计，还能通过单面印

1 希瑟·沃尔夫也发现了同样的问题，福尔杰莎士比亚图书馆的《月神数字图像集》（*Luna Digital Image Collection*）中完全数字化的信件中出现大量空白纸。——原书注

2 例如，格伦维尔（Grenville）家族的通信会使用八开纸，尤其是白金汉公爵第一侯爵乔治·格伦维尔的书信。

刷（单张单面印刷）来补贴他的大工程。[1]岂料，古腾堡在1454年至1455年印制的2000份赎罪券只是序曲；1480年，约多克斯·普夫兰兹曼（Jodocus Pflanzmann）在奥格斯堡印制了20000份赎罪券，一页四张；与此同时，约翰·贝姆勒（Johan Bämler）印刷了12000份赎罪券；1499年至1500年，约翰·卢施纳（Johann Luschner）为蒙特塞拉特的本笃会修道院印刷了142950份赎罪券。正如克莱夫·格里芬（Clive Griffin）所说，印刷赎罪券的利润太过丰厚，以至于印刷商们为争夺专利展开了激烈的竞争。有时，生意好的印刷商不得不建立新厂来满足生产需求。例如，瓦雷拉（Varela）在托莱多建立了第二所印刷厂，从1509年到1514年，一直在印刷赎罪券。

卡克斯顿（Caxton）[2]也有类似古腾堡的经历。他在英国印刷的第一份带日期的遗留文本就是赎罪券。收件人的姓名（亨利·兰利和他的妻子）和日期（1476年12月13日）工整地写在文本的空

---

1 卡普尔（Kapr）说："如果回到印刷业的起点，我们会发现……散工和书籍印刷是不可分离的。古腾堡在1454年至1455年间印刷'赎罪券'的同时，还在同步完成他的《四十二行圣经》，此巨著直到1456年才最终完成。他的30行'赎罪券'……可以说是西方最早的印刷品。但它与其同类印刷品很相似，极易被图书馆馆员和学者忽视，因为不像书籍那样有自己的作者。'赎罪券'有自己的法定形式，为特定客户定制，并直接满足某种社会需求，这种需求一旦得到满足，就没有保留的意义了。"——原书注

2 威廉·卡克斯顿（1422—1491），英国商人、外交官、翻译、作家及出版人，是把印刷机传入英国、首个以出版家自居的英国人。——译者注

白处。[1]卡克斯顿的生计来源和事业重心另有所在，但显然，印刷赎罪券的利润对他这个商人来说实在难以抗拒，并吸引英国其他印刷商也紧随其后。虽然卡克斯顿的赎罪券只保留了8个版本，但温肯·德·沃德（Wynkyn de Worde）[2]印刷了19个版本，理查德·平森（Richard Pynson）印刷了92个版本。1500年至1529年，平森又印刷出80个版本的赎罪券，这些都是16世纪初赎罪券产业迅速兴起的典型例子。

在英国，赎罪券或联谊信通常以权威机构的名义发行：除伦敦外，这些文本还被送往英国各地的教堂、修道院、医院、兄弟会等机构。除此之外，还有其他类型的赎罪券、赎罪图片和许可证以不同方式被签发出去，有的做一般性发行，有的以个人或机构名义发行，有的专门为筹集资金对抗土耳其人或赎回俘虏而发行。

与神圣罗马帝国相比，15世纪英格兰的赎罪券印刷与销售产业简直微不足道。在彼时的罗马帝国，1453年有13个版本保存下来，1480年有33个版本，1481年有43个版本，1482年有36个版本，1488年有33个版本，1489年有18个版本，1490年有26个版本。保罗·尼达姆（Paul Needham）估计，整个15世纪至少有600个版本的赎罪券幸存下来，但这个数字也只是冰山一角。1479年，为保卫罗德岛发行的20多个版本的赎罪券是在德国、瑞士和低地国家印制

---

1 卡克斯顿在1476年出版《坎特伯雷故事集》（*The Canterbury Tales*）时，就已经在印刷赎罪券了。——原书注

2 温肯·德·沃德（1455—约1535），伦敦的印刷商和出版商，以与威廉·卡克斯顿的合作而闻名，被公认为第一个在英国普及印刷机产品的人。——译者注

的，但目前已知的6个英文版本的数千个副本中，仅有9本幸存，其中4个英文版本是通过拼凑残片整理而成的，这些残片曾被反复用于装订其他书籍。如果大多数副本已经丢失，那么几乎可以肯定，大多数原版也难幸免。1500年，切法卢主教（Bishop of Cefalù）购买了130000多份赎罪券的副本，现已全无踪影。同样，雅各布·克伦伯格（Jacopo Cromberger）于1514年印刷的20000份西班牙赎罪券和他两年后印刷的16000份西班牙赎罪券，也只能在公证文件中查到记录而已，没有一个副本遗留于世。鉴于诸多版本目前侥幸存世的只有一两个副本，可以肯定，其他数百个版本注定无迹可寻。

英国电影制作人泰莎·沃茨（Tessa Watts）认为，16世纪英国民谣副本保存至今的比率可能只有万分之一，原版的留存率则是副本的十分之一。她还援引了福克斯·达尔（Folke Dahl）的统计数据，结果显示，1620年到1642年的英国新闻书籍中目前有0.013%留存下来，即使是当时的热门畅销故事书也因为反复传阅而丢失。我们从威廉·帕金斯（William Perkins）[1]的《死亡时钟》（*Deaths Knell*，1628）第一个幸存副本上发现了“第9版”的字样，若没有这个标注，恐怕都不会想到它在当时有多受欢迎。而对于15世纪和16世纪的赎罪券来说，其幸存率远没有同期的英国民谣乐观。

鉴于当时赎罪券大行其道，马丁·路德为声讨罗马教廷而张贴

1 威廉·帕金斯（1558—1602），16—17世纪英国著名神学家，剑桥大学的指导老师与受人欢迎的布道士。英国第一个系统性的加尔文神学家，同时也是一个对社会问题有清晰态度的人。他右手残疾，所以用左手写作。——译者注

的《九十五条论纲》(95 *Theses*)[1]也可视为对印刷业的回应，当然更是对约翰·特策尔(Johann Tetzel)[2]在美因茨牵头大肆出售赎罪券以资助罗马圣彼得大教堂重建事件的抗议。作为回应，路德以印刷小册子的方式传播自己的主张。英国历史学家安德鲁·佩特格里(Andrew Pettegree)注意到，1500年至1530年在德国印刷的10000本左右的小册子中，超过四分之三是在1520年至1526年印刷的。但约一半小册子只包含两张或不到两张纸，通常为四开本，由两张折叠成十六页。美国历史学家伊丽莎白·爱森斯坦(Elizabeth Eisenstein)的说法颇有建树，她认为传播路德思想的上万本小册子是在天主教印制了数百万份赎罪券的背景下诞生的。"促成印刷业飞速发展的，不是佛罗伦萨的人文主义或宗教改革，而是中世纪晚期为应对君士坦丁堡的陷落而发起的十字军东征"。虽然路德的《九十五论纲》在当时广受追捧，也在历史教材中写下浓重一笔，但让印刷术实现了革命性飞跃，正是15世纪中叶来自美因茨的赎罪券和《古腾堡圣经》。爱森斯坦继续说道：

---

1 《九十五条论纲》是马丁·路德为抗议罗马教廷销售赎罪券于1517年10月31日张贴在德国维滕贝格诸圣堂大门上的辩论提纲，被认为是新教的宗教改革运动之始。马丁·路德在文中驳斥出卖"赎罪券"的做法，反对用金钱赎罪的办法。路德提出，教皇没有免除人的罪恶的权力，因此赎罪券可以免罪的说法是错误的。路德不仅质疑了赎罪券的功效，还揭露了赎罪券的本质——剥削，其意义在于，它是对天主教"通过教会和教皇才能赎罪"的说教的第一次公开否定，因而广为社会各阶层接受。路德此举触怒了教廷，随着事态的发展，成为引发宗教改革运动的导火线。——译者注

2 约翰·特策尔(1465—1519)，德国罗马天主教徒，道明会修道士及传道者。他参与过波兰异端大审判，之后在德国成为赎罪券的大委事，鼓励信徒通过金钱交易换取赎罪券，声称付钱的信徒可以得到上帝对罪行的宽恕，这种替教廷敛财的行径受到马丁·路德的强烈批判。——译者注

最重要的是，赎罪券在遭到攻击之前很早就已面世。古腾堡印刷车间出品的第一个有日期的印刷品就是赎罪券。从15世纪50年代美因茨印刷首批赎罪券，到1517年路德的批判运动，这中间已经过去了半个多世纪。在这段时间里，印刷赎罪券已经成为重要的获利途径。“约翰·卢施纳于1498年5月在巴塞罗那为蒙特塞拉特修道院印刷了18000封赎罪券，这简直可以与英国文具署印刷的所得税表格相提并论”。[1]

那些没有印刷或发行赎罪券的印刷商和出版人往往无法负担大型项目的前期支出，所以极易出现经营困难。美国历史学家玛莎·特德斯基（Martha Tedeschi）曾谈到，在15世纪末的乌尔姆，印刷商莱恩哈特·霍勒（Lienhart Holler）试图通过印刷私人消费的豪华书籍发家，但却不幸破产，而另外两所乌尔姆印刷厂则靠打印单张文本蒸蒸日上。克莱夫·格里芬（Clive Griffin）也发现了类似现象：

16世纪初的西班牙印刷商在繁荣的经济环境中并未能大展拳脚，很多人甚至频频破产……有证据表明，除非他们能够在利润丰厚的零工印刷领域占领一席之地，否则只能转行。例如，著名印刷商阿纳奥·纪廉·德·布罗卡尔（Arnao Guillén de Brocar）并非依靠发行那些扬名后世的代表作品发家，而是靠独家印制语法学家安东尼奥·德·内布里哈（Antonio de Nebrija）的畅销书，以及与人联合

1 关于蒙特塞拉特的引用来自斯坦伯格。在他的一篇关于本笃会从1470年到1550年使用印刷机的文章中，詹姆斯·克拉克（James Clark）进一步证实，“早在16世纪30年代印刷机成为宗教极端分子的帮佣之前，它已经在教会机构有了自己的一席之地”。我们可以将克拉克的观点与大卫·德·阿夫雷未经证实的观点进行比较，后者认为手稿在印刷前已经“大量”流通，但由于没有数据支撑，其论点很难站住脚。——原书注

印刷圣战赎罪券建立起财富帝国。

古腾堡与布罗卡尔的经历十分相似，所谓的主业并不是其致富途径，源源不断的零散印刷品、日历、教科书订单才是他的立命之本。[1]

伊丽莎白·爱森斯坦认为，与古腾堡声名斐然的《圣经》印刷和卡克斯顿的乔叟作品印刷相比，赎罪券为我们了解印刷革命提供了更独特的视野。逐利是印刷商的本性，但印刷大型对开本需要巨额资金投入，最终往往无利可图。当年，克里斯托弗·普兰坦（Christopher Plantin）经营着早期现代欧洲规模最大的印刷厂，尽管背靠西班牙菲利普二世的官方赞助，但他在印刷《合参本圣经》（*Polyglot Bible*）的四年间，因为没有足够资金预付普通纸张和羊皮纸而几度濒临破产，普兰坦甚至被迫在开工前变卖了部分库存纸张以解燃眉之急。科林·克莱尔（Colin Clair）曾评论说，普兰坦因《合参本圣经》名声鹊起，也为它负债累累，而这些债务是《圣经》的销售额和西班牙王室都无法偿付的。而这也是当时的单页印刷比整书印刷更受欢迎的原因所在。

而在接下来的两个例子中，我们会再次感受到纸张与印刷革命的结合给15世纪50年代到16世纪末日常生活带来的深刻变化。第一个例子是我所知道的唯一幸存的同类广告：在一张未切割的单页打印大纸上写着8种不同配方，显然，这些配方要在切割后与对应

1 卡普尔（Kapr）指出，古腾堡印刷了至少24个现存版本的《多纳图斯》（*Donatus*），这是中世纪最重要的教科书，也是“15世纪流传最广的书”。为防止磨损，这些教科书印在牛皮纸上，由14页或28页组成，可能是“欧洲最早用铅字印刷的书”。但卡普尔认为，《多纳图斯》的印刷曾因商家赶制销路更好的短篇幅印刷品，如日历等，而被迫中断。古腾堡1454年创作的土耳其日历是唯一一个副本由三张纸组成的印刷品。——原书注

药品匹配到一起，这张出自伦敦的印刷纸张上面写着“汉斯·斯密特”（Hans Smit）（可能是荷兰或德国药剂师的名字）。其中一个药品广告如下：

万一有人在远离住所时不慎遭遇割伤、刺伤、摔伤或被狗咬等突发状况，您可以放心使用我们这款特效药解除以下病痛：

首先，此药膏可以治愈各种开放性伤口和长时间形成的溃疡面，后者在使用前要用清水清洗创面。

其次，此药还可以治愈因明火、热水、火药爆炸引起的烧伤和烫伤，一日涂抹两次，效果显著。

第三，如果成人或男童不慎被箭或镐刺伤，您可以用一把银勺或锡勺盛满此药，放在火上熔化，将医用塞条浸透药液后放入伤口，确认伤口充分吸收药液后将其取出，并在上面涂抹同款药膏，以保证药效持久。每天涂抹两次。

M.汉斯·斯密特[1]

像大多数只剩残缺之躯的古印刷物一样，这张说明书之所以幸存下来，是因为被切割后用作加固《约翰·加尔文布道》末页的填充物。这正是当时欧洲店主们的标准广告说明书，通常，大家会选用廉价的纸张和印刷来制作海量广告传单，而不会盲目选择耗时耗钱的羊皮纸或抄写员。

相比较而言，我要举的第二个例子“扑克牌”可能更加大众化，

1 斯密特（Smit，约16世纪80年代）。像许多其他印刷纸张一样，该纸的侧面也被重复使用，用于写作练习，包括短语“Dearly beloued brethren”（亲爱的兄弟）和名字“mild may ffane ffanes”，大概指的是米尔德梅·费恩（Mildmay Fane），第二代威斯特摩兰伯爵（1602—1666）。——原书注

更有历史感。但遗憾的是，这种小纸片的存活率依然低得惊人，实在让人难以相信，当时拥有这种纸牌的人其实有很多。在古腾堡之前，纸牌游戏只是贵族的“奢侈品”，15世纪初期盛行的扑克牌主要是木刻和铜版雕刻，纸张和印刷术的革命性结合才让纸牌游戏更接地气。和纸一样，扑克牌也是经由伊斯兰世界落户欧洲。据史料记载，扑克牌最早出现在14世纪后期的欧洲，1379年的《维泰博编年史》显示，一个撒拉逊人[1]将纸牌游戏带到了意大利。此外，14世纪末和15世纪的意大利人经常使用“naibi”或“naybi”这个词来表示“扑克牌”，而今天的西班牙人仍沿用“naipes”（早期形式是nahipi），由此可见，两者具有相同的伊斯兰词源。1436年，一位籍籍无名的扑克牌制造商在意大利费拉拉建立了“一家小型扑克牌印刷社”，起初，人们只知道他是“曼图亚人”：“1446年至1454年，这家小作坊迅速成长壮大，我们了解到，目前他们已经将部分纸牌印刷和上色业务外包给了皮埃尔·安德烈亚·迪·邦西诺尔（Pier Andrea di Bonsignore）的公司”。此外，安妮·范·布伦（Anne H.van Buren）和希拉·埃德蒙兹（Sheila Edmunds）的研究结论也非常有说服力，他们认为，扑克牌大师雕刻的纸牌并非在古腾堡破产之后问世，而是早在15世纪30年代就被设计、复印上市，直至1449年画上句号。[2]但目前现存的印刷纸牌均比手工纸牌历史悠久。当然，

---

1 撒拉逊人原指从叙利亚到沙特阿拉伯之间的沙漠牧民，广义上指中古时代的所有阿拉伯人。—— 编者注

2 范布伦、埃德蒙兹（Van Buren and Edmunds）反对赫尔穆特·莱曼－豪普特（Hellmut Lehmann-Haupt）的论点，即扑克大师与古腾堡一起开发了铜版雕刻，从而使《圣经》边缘的图像印刷实现了机械化。—— 原书注

这并不是说，没有历史久远的手工牌传世，只是为了强调印刷技术与最新写作技术的密切程度（如印章和邮票的印刷灵感就来自苏美尔人在黏土片上书写的发明）。

早在活字印刷诞生之前，木刻印刷与纸张的有效结合便推动文字和图像走进了欧洲的千家万户，纪念朝圣的剪纸、圣母和圣克里斯托弗图像（通常带有木版祷文）、扑克牌就是明证。扑克牌的印刷加工大量使用了纸张制造的核心材料动物胶，这种由羊蹄、鹿蹄、骨头、兽皮制成的施胶剂将纸张粘到一起，使其坚硬耐用。例如，1475年至1480年流行的修道院扑克牌由四层纸和胶水制成，纸牌的印刷日期上是一个带水印的哥特体“P”，覆盖着四叶草和印有字母“iado”的盾牌，四周布满十字勋章，纸张原料来自15世纪60年代至15世纪80年代的弗兰德斯南部地区。[1]

在我看来，马丁与费弗尔的合著过于强调“书”与“印刷术”的关联度，事实上，手写书的出版并未止步于15、16世纪，只不过数量有所下降。确切地说，印刷与书本未曾过从甚密。在古腾堡之前，人们用木版印刷制作了大量单页文本和图像。诚然，纸张是至关重要的媒介，古腾堡和他的继任者正是使用活字印刷印制了数以万计的日历和赎罪券。但如果印刷商因贪求文本长度而选择印刷书籍，则往往事与愿违。实践证明，看似微不足道的小型印刷品却能带来高效的资金周转，虽然它们很难经久不衰，但在出版人、书

1 修道院纸牌于约1475—1480年出现在荷兰南部，现藏于大都会艺术博物馆修道院分馆的大厅里，是15世纪唯一完整幸存的普通纸牌。当然，也有一些价格低廉的散装纸牌留存至今，它们多出自15世纪20年代。——原书注

商和小贩的心目中，地位绝不亚于书籍。然而，为储存书籍而设计的图书馆和图书馆书架历来没有为散装小册子和临时性出版物提供慷慨的立足空间，这无疑严重影响了此类印刷物的寿命。作为印刷术改革的重要成果，赎罪券、印刷表格、门票、公告、宽边书、扑克牌、年历、字母表、小册子这些朴素日用品经过古腾堡革命洗礼后华丽转身，吸引更多人为不同目的提笔书写，这其中不乏初学字母者，不乏从商从政者，更不乏爱与友谊的追求者。在16世纪的欧洲，阅读、写作、计算和纸牌游戏因为纸张的推广普及而成为百姓的日常。

第五章

艺术

吉尔·伯克

爱如同一位画师。好画师的作品总能发人深思，令人悬想，甚或让人狂喜……这便是基督之爱的永恒魅力。

——吉洛拉莫·萨伏那洛拉（Girolamo Savonarola）

在艺术史学家眼中，勺子毫无艺术美感……艺术史本可以成为研究器物的独立学科，可惜终因偏爱高雅艺术而止步不前。

——迈克尔·优耐（Michael Yonan）

达·芬奇《最后的晚餐》（*Last Supper*）于1495年至1498年在米兰的圣玛丽亚感恩教堂餐厅中创作完成，如今，这幅传世名画（图5-1）会在固定时段开放，每隔十五分钟迎来一批慕名而至的游客驻足品赏。画中十三个人坐在餐桌旁，头顶方格天花板，后方开着三扇窗户，窗外风景尽收眼底，天外来光映照在耶稣头上，他伸

图5-1　列奥纳多·达·芬奇在米兰圣玛丽亚感恩教堂创作的《最后的晚餐》(1495—1498)。图片来源：维基共享资源/艺术史研究图片库

出左手，指着桌上的面包，右手五指微张，似在一杯红酒旁徘徊。两侧的门徒手势迥异，像是听到耶稣揭露叛徒后的本能反应，根据史料推测，门徒的手势折射了他们不同的心理情态，彼时，耶稣刚刚宣布："你们中有一个人要背叛我了。"

上文对这幅作品的"图说"(ekphrasis)[1]在现实画作中几乎找不到对应的表达，确切地说，这幅墙壁上的名画早已华彩不在，褪色成一团颜料，如幽灵般存在。在米兰创作期间，达·芬奇首次尝试使用了蛋彩画和油画混合技法，可惜完工几年后，此画便黯然失色，

1　所谓"图说"，主要指对图像的言说和描述，ekphraso 源于希腊词根"ek"和"phrasis"，前者指"out"(出来)，后者"speak"(说)意思就是"说出来"，最初指以言辞栩栩如生地描述事物，是一种言语修辞技巧，强调的是对视觉事物的口语再现能力，力图使听者达到身临其境的效果。——译者注

到1517年，湿度的影响逐渐显现，到1582年，作品“已完全毁坏”。尽管如此（或许正是因为如此），《最后的晚餐》还是声名大噪，不断衍生出复制版画、绘画和挂毯等艺术形式，报纸和信件中的评论文章更是层见叠出。这幅画作的“残破不堪”与其“举世盛名”之间的强烈反差，正是文艺复兴时期我们称之为“艺术”的一类器物（通常指不同形式的绘画和雕塑）与其物质性的复杂关系的缩影。

毋庸置疑，“图说”是艺术史学家研究的核心，也是文艺复兴时期艺术史开端的中心。这门深奥的文学学科力求通过文字准确传达或解释事物外观，因此，在某些方面，注定不会圆满。但这恰恰可以考验作家的语言敏锐性，测试他们能否让读者或观众以一种全新的方式去观察、理解一幅图像：文字既有逼真的画面感，又能引人在脑海中加以合理重构。或许，这便是为什么艺术史和物质文化研究之间会时有矛盾。本章开篇的两句引语意在表明，将绘画和其他表现形式视为通向另一个想象或精神世界的窗口，与将其单纯视作一种器物之间存在巨大的知识裂痕。我猜，对于大多数读者来说，“爱如画师”这个比喻比“爱像调羹师”更直观生动，为什么会如此呢？为什么我们对这些器物的分类迥然不同呢？这些问题偶尔也会出现在当今文艺复兴艺术的历史编撰过程中，但关注物质文化的学者和致力于研究早期大师绘画（有时被轻蔑地称为“扁平艺术”）的专家总是意见相左。那么，在所谓的“物质文化转型”背景下，绘画和雕塑处于什么位置呢？

显然，将绘画作品和雕塑归为“器物”有据可依，它们的基本特性、材料构成、创作技巧以及收藏方式皆符合我们的分类原则。这其中，尤以它们的收藏价值最为典型。早期现代精英为满足自己向鉴赏家展示收藏财富的欲望而设计制造了珍奇屋、工作室和百宝箱，而画作和雕塑正是这些新式炫耀空间的宠儿。然而，正如绘画等表现艺术都有自己的历史和理论框架，将绘画和雕塑理解为某种“器物”，极有可能抹煞它们的“表现力”和有效的思想交流媒介作用。毫无疑问，一幅画比一个勺子更像一首诗，虽然物质性是其实现功能的要素之一，但并非是其最重要的部分。图像可以将观众与非物质世界联系起来的观点可以追溯到古典时期和基督教早期的图像理论，但我们发现，在文艺复兴时期，当创造了圣像光环的画家们眼睁睁看着他们的作品在阿尔卑斯山北部地区被捣毁时，人们开始急切地重新审视所谓的“再现”理念。

与瓦萨里一起品鉴名画

关于文艺复兴时期艺术发展的所有观点都绕不开乔治·瓦萨里编撰的《艺苑名人传》。当然，这本书并非第一部视觉艺术史专著，但绝对是最具影响力的一部。作为一门新学科的奠基人（许多人称之为“艺术史真正的创始人”），瓦萨里对文艺复兴时期艺术发展的阐释仍然在当今全球著名艺术博物馆的组织管理中起着主导作用。

瓦萨里所著的《艺苑名人传》首次出版于1550年，并于1568年进行了扩编。虽然本书的编撰在很大程度上有赖于前人对古典和近现代作家艺术成就的整理，但其在绘画史、雕塑史和建筑史上所进行的系统性、彻底性研究史无前例。瓦萨里认为，古希腊罗马的艺术创作成就已达巅峰，随着基督教的到来和罗马帝国的衰落，绘画、雕塑和建筑等视觉艺术逐渐消亡。瓦萨里写作此书的目的，是要追溯始于乔托（1276—1337）时代的艺术复兴到他所处的艺术全盛时代的发展历程，彼时，艺术可以完美表现自然世界，模仿甚至超越古代的技术和创造力。《艺苑名人传》一书涵盖诸多艺术家的传记，瓦萨里将它们划分为三个部分或三个阶段。第一部分主要集中在13世纪晚期和14世纪，包括乔托和西蒙·马蒂尼（Simone Martini）[1]的创作经历。第二部分多半涉及15世纪的艺术家，主要包括佛罗伦萨画家马萨乔（Masaccio，1401—1428）、雕塑家多纳泰罗（1386—1466）和桑德罗·波提切利（1445—1510）。第三部分跨越16世纪至艺术家著书立论之际，该阶段肇始于列奥纳多·达·芬奇（1452—1519）、拉斐尔（1483—1520）和提香（Titian，1488—1576），终于米开朗基罗（1475—1564）；瓦萨里认为，米开朗基罗在绘画、雕塑和建筑这三门艺术上都达到了“完美”之境。

瓦萨里式文艺复兴艺术叙事为何如此有影响力？观者又如何一眼融入其想法？理解这些尤为重要。自19世纪晚期幻灯机问世以来，艺术史研究的一个基本方法便是比较两个图像，思考其研究方法与风格的差异，而瓦萨里对风格差异的探讨恰适合于此类研究方法。此时此刻，读者不妨将视线移向图5-2、5-3、5-4，思考一下如何表述这三者之间的视觉差异。仔细观察，找出瓦萨里所划分的三个阶段中画像的差异之处并非难事。

乔托于1310年创作完成的《宝座上的圣母子》（图5-2），最初是佛罗伦萨奥格尼桑提教堂里一幅多面板祭坛画（又名“祭坛联画”）的一部分。画中，圣母玛丽亚处于中心位置，正面观众，身

1 西蒙·马蒂尼（1285—1344），意大利画家，是意大利早期绘画发展的主要人物，极大地影响和发展了哥特式风格。

图5-2 《宝座上的圣母子》，乔托作品（1305—1310），现收藏于意大利佛罗伦萨乌菲齐美术馆。图片来源：维基共享资源、谷歌艺术计划

披暗蓝色袍服，怀抱圣婴基督端坐于宝座上，其形象比例远远大于圣婴和其他人物。环绕在宝座两旁的圣徒与天使头顶光环，画面颜色主要由深紫、蓝色和玫红组成，背景以金色装饰为主。人物在空间上呈后退之感，虚实间给人一种视平面向后延伸到其表面以外的错觉。台阶向后延伸至画里，增加了有形空间的错觉，从而在圣母、观众和圣徒之间形成狭窄通道，位列两旁的圣徒因拥挤而挡住对方视线。圣母和基督的外衣虽没有采用早期画作中的金色条纹增加美感，但这种庄重而自信的设计风格更能凸显着装者的健朗身材。在瓦萨里看来，乔托摒弃了“眼睛无光、脚尖着地、手指细长、没有阴影以及所有其他拜占庭早期绘画的荒谬之处”，取而代之的，是“优雅的头部轮廓和漂亮的配色……充满生命活力……更贴近自然”。

诚然，抵达艺术巅峰之路漫长且悠远：“倘若乔托笔下的眼睛有形无神，人物悲而不伤，或头发不美，胡须不密，双手乏力，裸体失真，那也不必过分苛责，因为艺术创作本就没有止境，乔托已然是个‘传奇佳话’。”此外，能与《宝座上的圣母子》相媲美的，便是佛罗伦萨著名画家波提切利于1484年至1485年创作的《巴尔迪祭坛》(*Bardi Actarpiece*或*Enthroned with Saints John the Baptist and John the Evangelist*)(图5-3)，此画现收录在圣斯皮里托教堂的巴尔迪教堂。在这幅画中，波提切利没有选用金色背景来吸引人们关注背景板的材质，而是通过巧妙处理颜料，产生空间错觉，以延伸观者的视觉感受。画家在教堂墙上设计的窗式花园跃然眼前，人物的轮廓映衬在翠绿的树叶拱门上。这个活泼的婴儿基督目光注视着我们(给人非比寻常的信任感)，双臂伸向他的母亲，母亲则将乳房

图5-3 《巴尔迪祭坛》，桑德罗·波提切利作品，1484年开始创作，现收藏于柏林国家博物馆。图片来源：维基共享资源、谷歌艺术计划

伸向他。两侧的圣徒站在台阶上，台阶正好截断了画面平面的边缘；画中央祭坛桌子上的小十字架，直接将现实世界与画中世界联系在一起。这幅画采用的理性透视空间创造了利昂·巴蒂斯塔·阿尔贝蒂所说的一种绘画“窗口”。在这里，波提切利运用高超的技巧模仿自然，令观众对“圣母启示”感同身受。

大多数比较过这两幅作品的参观者都能够分辨出它们的时间顺

序，这便是文艺复兴时期自然主义的胜利。瓦萨里关于第三个阶段的论述颇令人费解。尽管他承认第二阶段的艺术家们“为艺术做出了巨大的贡献”，“但他们缺乏一种自由，这种自由虽不受规则约束，却受其支配”。他们因缺乏“对比例的良好判断……而优雅尽失……他们没有那种轻盈的触感……他们的帷幔毫无美感，他们的幻想单调乏味，他们的色彩平淡无奇，他们的建筑千篇一律，他们的风景规行矩步。”1512年，教皇尤利乌斯二世委托拉斐尔为皮亚琴察的西斯廷教堂创作了《西斯廷圣母》(图5-4)，一幅第三阶段，也即我们现在称之为“文艺复兴鼎盛时期”的原型画作。画中，拉斐尔没有将人物设置在一个尘世空间，而是让他们身处朦胧云端，云朵在圣母周围幻化成小天使的脸庞，圣母的整个身体散发出的不是光环，而是光晕。与波提切利画中静止的祭祀人物不同，此处的圣母似乎正朝着教皇西克斯图斯四世所指的方向，向我们款款走来。两个顽皮的小天使倚在画架上，画面以悬挂在弯曲栏杆上的绿色窗帘为框架。这个经常置于祭坛前的真实窗帘表明，观众正在见证一个启示：随着窗帘打开，圣境乍现。但这个场景极具戏剧性，需要一定的时间和空间呈现，且人物情态并非静止，观众要有足够耐心才能一饱眼福。

希望读者或观众在对比过这些图像之后，对文艺复兴时期绘画风格的发展能有一定把握，进而增加鉴赏乐趣。瓦萨里作品的魅力之一是他清晰的阐述能力，以及由此给读者带来的“安全感”，即如果“信其言”，我们便能“正确地”欣赏艺术，并懂得为什么拉斐尔、波提切利和乔托一个比一个“高明”。事实上，几个世纪以来，这些观点一直主导着艺术史学，如今依然鹤立于博物馆和出版界的诸多宣传广告中。但许多学者也注意到，瓦萨里的研究方法固

图5-4 《西斯廷圣母》，又名《圣母、圣婴、西克斯图斯和芭芭拉》，拉斐尔于1512年创作，现收藏于德累斯顿历代大师画廊

然简洁明晰，但遗留问题同样层出不穷。就连他自己也承认，一刀切地按时间顺序划分艺术发展阶段确实问题重重。比如，佛罗伦萨雕塑家多纳泰罗在风格上更接近于第三阶段的特点，但时间上属于第二阶段。还有许多其他绘画和雕塑（更不用说其他物品了）作品，也完全不适用于时间分类。此外，瓦萨里曾声称，他所追踪的艺术轨迹具有全球性历史意义，但其关注点几乎完全聚焦意大利艺术家（尽管有一些关于北欧画家的简短讨论），并明显集中在意大利中部画家身上。身为佛罗伦萨公爵的雇员，瓦萨里自然倾向于将佛罗伦萨艺术家奉为主角。如此一来，艺术史学家在参考瓦萨里的文献时应格外谨慎，因为他为了让艺术家融入其瓦萨里式的叙述中，往往牺牲了信息的准确性。

然而，在我们看来，最值得商榷的是瓦萨里通过创造画家、雕塑家和建筑师的历史，将不同背景和语境下诞生的作品统统归入艺术技巧发展史中的做法。比如，把乔托的祭坛画看作波提切利等人作品的参照物，便是一种原则性错误，因为这些专为教堂创作的绘画，有其明确的宗教功能，即帮助观众感受神性，而非炫技。从年代和认知上来说，瓦萨里写作的年代与乔托、波提切利甚至拉斐尔创作祭坛画作品的时代相距甚远，因此，我们在接受瓦萨里观点时获得的所谓清晰感，完全是一种错觉，遗漏信息在所难免。

分类标准

《牛津英语词典》（2010年版）将“艺术”一词定义为“人类创造性技能和想象力的表达应用，通常以绘画或雕塑等视觉形式呈现，作品兼具美感和情感”。该词源于拉丁语“ars”（希腊语中的

techne），但直到18世纪才有了这个现代释义。文艺复兴伊始，“艺术”的含义仍与亚里士多德在《尼各马可伦理学》（*Nicomachean Ethics*）中给出的定义有关：“制造能力的理性状态”。艺术与自然同具创造力，但艺术的“起源在于制造者，而非被制造出的东西”。从15世纪的观点来看，“艺术”指代一种涉及造物的实用知识，类似于今天所说的“工艺”或“技能”。

值得一提的是，彼时绘画、雕塑和建筑知识并不在普通学校和大学开设的学术课程之列，而要在行业协会的法律框架内传授给作坊里的学徒。在组织和教学方面，人们更看重这三者对手工技能的要求，而非智力因素。此外，在15世纪的大多数欧洲城市，绘画、雕塑和建筑这三种视觉艺术根据其使用材料被划分为不同行业。在佛罗伦萨，画家由于使用与药物相似的化学物质来制作颜料，因此与医生和药剂师成为同行；石雕师则属于石匠行会；由于贵重金属和丝绸皆为稀罕之物，是奢华纺织品的重要原材料，因而，金属工人被划归为丝绸行会。佛罗伦萨许多著名雕刻家，如，洛伦佐·吉贝尔蒂（Lorenzo Ghiberti）和本维努托·切利尼（Benvenuto Cellin），也都是丝绸行会的成员，但就创作形式而言，相比诗人，他们与制勺人的共同之处更多。同样，在布鲁日，圣卢克的画家行会也包括马鞍匠，可能因为这两类匠人曾共同从事过装饰动物皮革、牛皮纸或羊皮纸的工作。另外，木雕家与木匠同属一个行会。显然，上述组织构成充分体现了亚里士多德的艺术定义原则，这些行业均围绕由大自然工匠提供的原材料来分类。为了培养“艺术家”，绘画与雕塑在文艺复兴后期强强联手，1563年，我们的老朋友瓦萨里在佛罗伦萨建立了第一个绘画与设计艺术学院，随后，欧洲其他艺术中心纷纷仿效。

然而，法律定义、学徒制与实践操作并行是一种不同的传统，这种延续了几个世纪的分类方法因绘画与雕塑追求模仿自然而被摒弃。早在柏拉图时期，这两种视觉艺术就与诗歌、音乐和舞蹈成为同类，因为它们都与模仿或模仿的形式有关。而在文艺复兴时期的自然主义出现之前，人们想当然地认为，画家和雕塑家就应该模仿自然（下面将详细讨论）。尽管柏拉图不赞成这种模仿行为，禁止画家和诗人进入他的《理想国》，但基督教的框架赋予了“形象制造者”与上帝（自然的创造者）之间特殊的隐喻地位，在1400年以前，将上帝比作工匠是绘画理论中的常见修辞。圣奥古斯丁（St. Augustine，354—430）认为，艺术家和上帝的关键区别在于，前者是创作（从有到有），后者是创造（从无到有）。多米尼加神学家托马斯·阿奎那也曾将上帝比作工匠，因为他首先在脑海中勾勒出世界的轮廓，然后将其付诸实践，就像“房子在建筑师的脑海中预先存在”一样。多米尼加修士吉罗拉莫·萨伏那洛拉非常了解阿奎那的作品，1493年在佛罗伦萨的一次布道中，他延续传统，也将画家与上帝进行了类比：“他凭借自己的智慧和双手，在纸面上勾勒出一幅与他头脑中的想法和形象相同的画面……所有自然事物和所有生物都同样源于神圣的智慧。”在这个比喻中，“纸”作为一个表达概念的工具，比其他任何媒介都恰如其分。

显而易见，我们在欣赏所谓的“艺术品”时，是“透视”它的模仿物，而非其本身。然而，这个事实背后却潜藏争议，争议的核心关乎西方基督教对崇拜形象的接受问题，这种与传统背道而驰的接受，使其与其他一神论宗教泾渭分明。《圣经》的第二条诫命写道：“不可为自己雕刻塑像，不可模仿雕刻天上、地下万物的形象，也不可模仿雕塑水下万物的形象”。为此，人们曾反复引用6世纪教皇格里高利一封信中的观点，为基督教的图像崇拜辩护。格里高利认为，虽然图像本身不值得崇拜，但对于那些不识字的人来说，图像可以另辟蹊径，以特殊方式为他们讲述圣经故事，传授信仰，助其皈依。此外，图像引发的情感联结会催生信徒的奉献信念。8世纪左右，与格里高利信中观点相关的另外一种图像崇拜辩护说认为，上帝的图像是那个无形、不可言说的上帝在地面的有形标志：“当你看到心心念念的上帝画像，炙热之爱会从心底燃起，我们希望用可见之物展示不可见之物，这是无害的”。据此，法国哲学家、艺术史学家乔治-迪迪·胡伯曼（Georges-Didi Huberman）得出结论说，西方基督形象的塑造基础本身就是一个悖论：一面怀疑实物的能量会把观者引入歧途，一面断言视觉是理解上帝的有力手段；一方面认为可视世界中的图像崇拜盲目肤浅，一方面又坚信视觉欣赏可以抵达真理。1400年至1600年，这一悖论的社会影响也极具“分化力”，那些能够证明上帝具有完美创造力的艺术家被封“神”，而北欧的部分宗教图像则惨遭破坏，失去神力。正如我们将要看到的，从中世纪继承来的思想衍生了一种新型视觉理论，这种理论必将影响我们对艺术的理解。

绘画和雕塑（有时还有建筑）的联系不仅仅是“艺术”，从14世纪中叶一场关于“视觉艺术”的精英学术对话就可以看出。我们今天所说的“人文主义”，作为一种研究古典文本的新方法，起源于14世纪中叶的意大利中部。这一时期，人文主义者的研究兴趣分别集中在复兴某些古典文本中的拉丁语，尤其是罗马演说家西塞罗那些文本，以及重新发现这些文本，实现更普遍意义上的古典文化与古文物的复兴。托斯卡纳人文主义者彼特拉克在创作于1354年至1360年的《财富的补救》（*Remedies for Fortune*）一书的第34—40章中，曾详细讨论了视觉艺术。书中的观点来源广泛，为未来几个世纪的艺术理论发展奠定了坚实基础。同时，在之后的200多年里，书中一系列传统理论和人文主义词汇在更加深入的阐述和拓展中，演变成了我们今天所说的艺术理论，并最终为瓦萨里所用。总而言之，彼特拉克的著作包含如下共识：

1. 绘画和雕塑是同源艺术，有着共同的历史轨迹。

2. 检验其质量的唯一标准，是与古典作品做比较，且必须知识渊博之人才能胜任。

3. 好的绘画和雕塑作品模仿自然，但伟大的画家必定兼具超群技艺与勃勃雄心。

油画、雕塑与设计

意大利学者彼特拉克曾断言，“绘画和雕塑实际上是一门艺术……它们都源于绘画。”意大利语“disegno”（设计或绘图）综合了绘画和设计之意，将内心所想和手头所做统一起来。历史悠久的绘画传统在文艺复兴时期如获新生，画师们不断在创作中融入新的复杂元素，探索自然之美，寻求创意之境。

文艺复兴时期的绘画热不但得益于智力因素，更依赖于低廉纸张的广泛普及。在14世纪以前纸张一直非常昂贵，意大利和德国分别于13世纪末和15世纪初引进造纸厂，从而开启了造价比牛皮纸、羊皮纸便宜得多的“纸”时代。出现于15世纪中叶的印刷书籍进一步刺激了纸张需求，造纸厂接踵而起，纸张价格随之一落再落。大约从15世纪第一个10年开始，艺术家们便开始用纸作画，此前，他们通常在涂蜡画板上构造草图，用牛皮纸制作终稿。这一转变见证了从建筑师到工程师等各行各业匠人们构图方式的变革，而对于艺术家来说，这种变化意味着他们可以迅速将头脑中的想法落实到纸面，也意味着他们在终稿成形前有更多机会做不同尝试。或许，达·芬奇留下的4000余张草图和笔记便是“在绘画中进行思考”的明证，如若不是因为纸张廉价实用，他断然不会如此行事。况且，这些草图涵盖领域广泛——从飞行器设计图到精确的城镇平面图，从鸟儿飞翔草图到详细的解剖图——画家的很多思维过程也清晰地呈现在这些线条之上。

列奥纳多的例子固然极端，但与其同时期的德国画家阿尔布雷特·丢勒，也从职业生涯早期就开始绘制草图了。丢勒会习惯性地在自己的画上签注名字和日期，甚至偶尔还会搞错日期，这一现象说明，这些作品并非专为正式出版而用，而是作为收藏品传于后世子孙。大约从1500年开始，很多人开始出于兴趣收集画作，尤以意大利北部商城和巴伐利亚的纽伦堡市民最为狂热。比如，丢勒的朋友、纽伦堡制图师哈特曼·谢德尔（Hartmann Schedel，1440—1514）曾同时收集绘画和版画。委罗内塞的抄写员和古物收藏家费里西安诺·瓦尔加斯（Felice Feliciano）号称系统收集绘画的第一人。种种迹象表明，在15世纪中期，人们开始逐渐注重欣赏艺术创作过程，而不仅仅是最终成果。

通史

彼特拉克曾观察到，设计与绘画艺术在前基督教的古典时代已达到了顶峰状态，随后便跌入漫长的衰退期。他指出，古典时期的伟大雕塑家和画家，如阿佩莱斯（Apelles）和普拉克西特莱（Praxiteles）等人，有幸在亚历山大治下迎来了事业的鼎盛时期，但同时代也不乏比肩古人的大师。文艺复兴时期见证过很多领域的巅峰、衰退和复兴历程，而绘画和雕塑却全程以"复兴之貌"示人。这一事实曾反复得到验证，在佛罗伦萨共和国工作的人文主义者更是一再热忱感叹，自己生活在一座受到神明眷顾的城市。因此，编年史家菲利波·维拉尼（Filippo Villani，1325—1405）在1381年至1382年撰写的《佛罗伦萨城的起源》（*On the Origin of the City of Florence*）一书中，专门为佛罗伦萨画家开辟了一个章节。他解释说，在乔托的影响下，"熠熠发光的绘画之河流淌不息……为我们带来了一种绘画艺术，这种艺术再次成为自然的狂热模仿者，璀璨而令人愉悦。1440年，人文主义者洛伦佐·瓦拉（Lorenzo Valla）在一本关于正确使用拉丁语的论著中写道："我不知道为什么最接近人文学科的艺术（如油画、石雕、青铜雕塑、建筑等）会持续衰退，甚至与文学一起消亡；也不知道他们为何突然在这个时代复兴；更不知为何如今会涌现出大批杰出的艺术家和作家。"几年后，曾把柏拉图的希腊语著作翻译成拉丁语的佛罗伦萨人文主义者马尔西利奥·费奇诺，写信给同人米德尔堡哲学家保罗说："这个黄金世纪……为几近绝迹的人文学科——语法、诗歌、修辞学、油画、雕塑、建筑、音乐、古希腊赫尔墨斯七弦琴——带来了重生的曙光，而佛罗伦萨便是奇迹诞生之地。"油画和雕塑的重生完全是自我意识觉醒的结果。

之所以得出这样的结论，是因为很多声名显赫的画家和雕塑家都来自古典时代，这一事实表明，文艺复兴时期的"艺术"更倾向于文学作品，而非视觉作品。我们今天掌握的大多数关于古典艺术的信息都来自老普林尼的《自然史》和其他著作中有限的参考文献。尽管在1400年左右的欧洲出现了许多古典雕塑，但几乎所有雕塑都非本人真迹，事实上，它们都是典型的希腊雕塑仿制品，而且残留的人物雕塑大多已经支离破碎。值得庆幸的是，1508年被挖掘出来的《拉奥孔》一经面世，就被认出是老普林尼书中提及之物。在绘画领域，1480年左右发掘的“尼禄黄金屋”（Nero's Golden House）让人们有机会一睹前人风采，从而填补了古典画作的研究空白。此外，雕塑，尤其是浮雕和遗存的古典文学描述，也为绘画复兴注入了内生动力。

古希腊最负盛名的画家也许当数阿佩莱斯，此人一直受亚历山大大帝资助。而彼特拉克似乎是第一个将当代画家与阿佩莱斯相提并论的作家，他力捧佛罗伦萨画家乔托，并声称，锡耶纳画家西蒙·马蒂尼已经超越了古典先贤。15世纪后期，诗人和作家中间盛行浮夸之风，大家借颂扬先贤之名，炫耀自己在古典领域拥有的超高资质，让人误以为，生活在15世纪末、16世纪初的每一位艺术家都堪比阿佩莱斯，尽管（也许正因为如此）他们的作品仅见诸“书端”。

虽然没有确凿证据表明绘画和雕塑在古典时代居于“人文学科”之列，而非机械技能之行，但几位中世纪晚期及文艺复兴时期的评论家都曾证实这一说法。对此，彼特拉克也有定论。佛罗伦萨编年史家菲利波·维拉尼注意到，古典作家曾对画家和雕塑家大加赞赏，那句“我亲爱的佛罗伦萨画家”算是佐证。意大利北部人文主义者巴托洛米奥·法西奥（Bartolomeo Facio）曾在1456年创作的《论名人》（*On Famous Men*）一书中，连用两个章节先后介绍了诗人和画家，因为“画家和诗人之间有许多相似之处”，其观点明显源于古罗马诗人贺拉斯“诗如画”之说。在文艺复兴时期，绘画作为“人文学科”的接受度并没有诗歌那样高，这个现象颇令时人气恼。因此，佛罗伦萨画家弗朗西斯科·兰西洛蒂（Francesco Lancilotti）在1509年创作的有关绘画的短诗论文中，力求证明虽然绘画被称为“机械艺术”，但是“读一读，你就会了解它对世界的贡献之大”。

综上可以看出，随着时代的发展，关于绘画和雕塑的理论著作越来越多。1400年左右，文艺复兴时期的欧洲画家琴尼诺·琴尼尼（Cennino Cennini）出版了《艺术之书》（*Book of the Craftsman*），当时，正值很多领域开始大规模发行技术论文。15世纪理论家弗兰西斯科·朗西洛提发表诗句，旨在将视觉艺术的实践与欣赏直接列入人文主义的范畴。这一领域在此期间诞生的第一部教程是莱昂·巴蒂斯塔·阿尔伯蒂（Leon Battista Alberti）于1434年至1435年创作的《论绘画》（*On Painting*）。该书很可能先由意大利语写成，后翻译成拉丁语，阿尔伯蒂利用自己在拉丁人文主义文献方面的丰厚知识，让绘画这门人文主义学科也像诗歌和历史一样，有了自己全新的理论框架。该书分为三部，第一部主要介绍了在二维平面上描绘三维空间的新几何技术，我们现在称之为“单点透视法”。第二部阐释了不同绘画方法以及设计的重要性，认为“故事”即叙事性绘画是画家要处理的最高贵的形象类型。第三部涉及画家的通识教育。画家不应被视为“工匠”，而应向古人的赞誉看齐，做一个“精通人文知识的好人”。阿尔伯蒂的写作初衷就是为了方便教学，教程由浅入深，从构图元素切入主题后，循序渐进。虽然他本人后来又编撰了很多有影响力的著作，涉及雕塑、建筑等视觉艺术领域，但他的主要遗产是创造了一种人文主义的拉丁框架，使得绘画和雕塑可以像其他更高级的艺术形式，如历史和诗歌一样成为研讨对象。这意味着，能否正确欣赏这些视觉艺术开始成为一种智力测试，用以检验观赏者和创作者的教育程度是否匹配。

随着时间的推移，作家、艺术家和具有人文主义信仰的同僚，越来越希望他们的视觉艺术作品可以得到专业的评价反馈，当然，只有受过良好教育和精通品鉴之道者才懂得如何欣赏这些佳作。这种现象在15世纪屡见不鲜，彼特拉克曾评价乔托的《宝座上的圣母子》说："无知者不懂其美，只有大师才会为之倾倒。"之后不久，欧洲精英们也通过广泛阅读相关著述提高自己的鉴赏水平，彼时，欧洲最畅销和翻译次数最多的论著——巴尔达萨雷·卡斯蒂里奥内（Baldassare Castiglione）的《廷臣论》（*Courtier*）为绘画和雕塑开辟了独立章节。作者认为，廷臣们自己也应该学习画技，这样才懂得"审美"，才能成为"美女鉴赏专家"。这些想法映射了当时的社会风尚，也促生了一类新型艺术赞助商，他们一心要委托"最好的大师"进行创作，也因此一直走在时尚前沿。这其中，最典型的代表可能要数伊莎贝拉·德埃斯特侯爵夫人，她不但在曼图亚工作室里摆放了琳琅满目的古董和精美的镶嵌品，还委托当时最杰出的大师制作具有复杂寓意的绘画作品。

效仿自然

1400年至1600年，欧洲视觉艺术的一个显著特征，是强调其"自然主义"性质，以区别于"现实主义"。我们根据研究需要，将其定义为一种模仿（尽管不是盲目地复制）自然的技法。文艺复兴时期自然主义的一个特点是，人类通过某种技能用一种材料模仿另一种材料。艺术家的才能展示不应拘泥于材料本身，而应有超越材料之外的技法，即摒弃早期中世纪艺术中明显的“物质性”。15世纪初的欧洲各个中心同时见证了这种艺术观的转变，其中，意大利北部地区、勃艮第、法国宫廷和商业城市感受最为真切。事实上，当时的艺术史研究存在一个很严重的问题，那就是大多数艺术史学家都将注意力集中在上层流派，而很明显，欧洲不同中心和宫廷之间的关系非常不稳定。早在印刷时代到来之前，欧洲的贵族精英们就通过广泛的贸易往来和国际银行联系，互相馈赠奢侈艺术品，交流思想、时尚，交换绘画、挂毯和插画手稿等各种各样的器物。

正是透过这些装饰华丽的手稿，我们第一次领略了文艺复兴时期艺术家对自然的密切关注。编撰于1400年左右的《卡拉拉草药集》（*The Carrara Herbal*，2020年收藏于埃杰顿大英图书馆）算得上是插画师模仿和研究自然的先锋之作。除此之外，14、15世纪之交的其他插画大师都与法国瓦卢瓦家族有关，最著名的当数荷兰的赫尔曼、保罗和约翰·林堡三兄弟，他们曾为一系列奢华的插画手稿制作了精巧细致的插图作品，其中包括1412年至1416年为贝里公爵约翰的《时光之书》（*Great Book of Hours*）创作的插图。

拜瓦卢瓦家族另一个分支勃艮第公爵（当时的赞助人）所赐，我们今天有幸得见克劳斯·斯吕特（Claus Sluter）创作的大理石群雕《摩西井》（*Well of Moses*）。这件作品的艺术风格倾向于逼真的写实主义，是克劳斯·斯吕特受菲利普公爵委托，于1395年至1403年塑造完成的，现位于第戎附近的尚莫尔加尔都西会修道院（图5-5）。最初的纪念碑高11米，有一个从六角形柱延伸出来的十字架，周围排列着六个先知雕像。宫廷画家让·马鲁埃尔（Jean Ma-

图5–5 《摩西井》，克劳斯·斯吕特创作，现位于第戎附近的尚莫尔加尔都西会修道院

louel）笔下的彩色画则充满幻术，即便受损严重，也难掩其惊人的自然主义色彩。意大利人文主义艺术理论能够引来瓦卢瓦宫廷的热切追捧不足为奇，那里的画家和雕塑家从不满足于做一个手工艺人，他们还有更高的追求，即法语中的所谓“天赋与技艺并存”（engin and artifice）。这两个单词的组合，最初源自薄伽丘《杰出女性的生活》（*Lives of Illustrious Women*）一书中对著名女性画家和雕塑家的描述。1400年左右，这一组热词开始广泛流行，而在之后的意大利视觉艺术圈内，“天赋与技艺”仍是业界孜孜以求的目标。

大约10年后，同样是在勃艮第，画家扬·凡·艾克开始进行近距离观察自然的实验，并因此发展了油彩绘画技术，从而使绘画色彩更饱和，线条更细致。这一探索过程充分表明，画家“对现实有了全新理解”。从他和他的兄弟休伯特为根特的圣巴沃教堂制作的祭坛上，我们可以欣赏到这种全新的视觉表现手法（见第三章图3-1）。这个祭坛有多个折叠板，完全打开后，长3.7米，宽5.2米，是新自然主义风格的大师级作品。意大利人文主义者曾经采用彼特拉克式的词汇来赞美凡·艾克和他的同行罗吉尔·凡·德·韦登（Rogier van der Weyden）等人的超凡技艺。1449年，安科纳的人文主义旅行家西里科（Cyriaco）在评价罗吉尔·凡·德·韦登在费拉拉的一幅三联画时，赞叹道，“画中人物仿佛是有生命的、会呼吸的”，“它们怎可能出自人手？分明是天成之作”。15世纪的艺术创作并非仅限于区域流派，其特点是跨地域、跨学科。意大利的赞助人和作家一直对北方画家的作品赞赏有加。

画师效仿自然世界远非满足单纯的视觉审美，其本质是艺术家的信仰使然，他们坚信，模仿自然能够唤起人们对神明的崇拜之情，进而无限接近上帝。14世纪至16世纪，许多流行的宗教文献强调，人们可以通过欣赏虚幻或真实的具体形象来提高自己的悟性。彼时，很多为信徒量身定制的灵修科目都与视觉训练相关，修道士们也把专注于基督的身体视作祷告的核心。因此，方济会神学家乌戈·潘齐拉（Ugo Panziera）要求世人的“肉体与精神之眼”处处可见“基督之形”。此后，这一流行于宗教层面的“专注性虔敬”逐渐从修道院拓展到了家庭空间，旨在激发人们虔诚之意的器物也层出不穷，从《时间之书》到宗教绘画，从大型绘画作品、陶瓷、木雕到粘贴在墙上的版画，可谓名目繁多。

然而，这些能够引领信徒心向神明的意象，有时也潜藏隐患。有人若误入歧途，后果将不堪设想。于是，从15世纪早期起，在方济各会和多明尼加观礼者的倡导下，各地开始点燃“虚荣的篝火”，鼓励俗世信徒焚烧可能导致他们犯罪的物品，这其中就包括亵渎神灵的绘画作品。当然，抛却自身的说教功能，宗教画作本身也有很强的观赏性。富有的赞助人花钱修建教堂，就是为了把他们的盾徽放在那里。

为了缓解人们的焦虑，从15世纪90年代起，意大利人开始尝试进行宗教绘画改革。在佛罗伦萨，波提切利不再追求自然主义写实风格，而是热衷于创作能够唤起早期绘画理念的象征意义作品。在北方，由于崇拜者、上帝和教会机构之间的关系发生变化，宗教意象的塑造也随之复杂化。一直对罗马教会诸多方面心存不满的马丁·路德在谈到宗教画像时，态度却异常温和。他曾在1525年发表评论说，墙上的画作有助于“记忆和理解”。然而，他的保守主义并没有得到普遍认同，从16世纪20年代初期开始，一波又一波自下而上、自上而下的反传统浪潮开始席卷整个欧洲。路德在威登堡大学的同事安德烈亚斯·卡尔施塔特（Andreas Karlstadt）是详细阐述“圣像崇拜”问题的第一人，他的理论直接导致破坏宗教画像活动成为广义上对抗“表面化虔诚”斗争的一部分。在1522年出版的小册子《论圣像的废除》（*On the Abolition of Images*）中，卡尔施塔特为“圣像破坏活动”进行了系统辩护，他认为，所有宗教圣像都应该被禁止，因为它们会“谋杀信徒的灵魂”，“我告诉你们，上帝禁止立像，如同禁止杀人、偷窃、奸淫等行为”。受卡尔施塔特启发，维滕贝格政府于1522年在西方基督教中发起了捣毁教堂圣像运动（部分原因也是为了避免外行进行暴力破坏）。很快，这种对“圣像崇拜”产生的仇恨情绪迅速蔓延至北欧其他中心地带。在接下来的几年中，巴塞尔、苏黎世和斯特拉斯堡接连发生“捣像”和政府移除教堂家具事件。初期的捣毁圣像运动有民间自发行为，也有受国家主导行为，至16世纪末，类似闹剧在分裂的欧洲接连上演。16世纪30年代中期，英国政府开始颁布相关政策进行助推。1566年的“圣像破坏运动”（Beeldenstorm）见证了始于荷兰南部的大规模圣像破坏运动一路向北蔓延。彼得·阿纳德（Peter Arnade）曾描述到，“捣毁圣像的暴徒们……大肆破坏木头、帆布、石头、雪花石膏、大理石、金属制品和其他材料制成的大量宗教物品和画像，认为这些深受尊崇的神圣之物只是普通器物”。如此一来，引领人们通往精神世界之窗的“神性”画像一夜之间又被打回“物”性。

捣毁圣像运动对宗教艺术的打击显而易见，然而后续影响远不止于此。很多无法挽回的损失使艺术史重建工作化为泡影，这也从侧面解释了意大利艺术始终傲视欧洲群雄的原因。此外，北方画家和雕塑家们不得不重寻创作主题和不同类型的赞助人继续谋生。与此同时，很多艺术家像他们的佛罗伦萨同行波提切利一样，开始怀疑自然主义的合理性。哈佛大学艺术史教授约瑟夫·克尔纳（Joseph Koerner）指出，德国画家卢卡斯·克拉纳赫（Lucas Cranach）从16世纪10年代开始，有意回避自然主义绘画的“现实效果”，并创造了一种新型视觉表达方式，这种绘画效果着重强调《圣经》文本的教化意义，避免逼真的模仿体验。事实上，学者们认为，不仅彼时的“捣毁圣像运动”在北欧深深影响了人们对“圣像”和艺术创作的理解，当圣像创造者、神和自然之间的关系被重释之际，宗教争议也引发了人们对意大利绘画和雕塑所扮演角色的再认识。

超越自然：艺术家与天才

鹿特丹的德斯德鲁斯·伊拉斯谟（Desderius Erasmus）[1]向已故德国版画家、画家阿尔布雷特·丢勒致悼词时说：“他可以画出任何东西，甚或人类无法画出之物：火、阳光、雷声、闪电、雾霭……从感官所及到情感所至，从无形之魂到有声之音”。16世纪早期，也就是瓦萨里所说的第三阶段伊始，艺术家模仿自然的动力开始减弱，因为人们相信，艺术家脑海中的形象在某种程度上比外在世界的表象更加真实。譬如，在1504年发表的一篇关于雕塑的论著中，人文主义者蓬勃尼奥·高里科（Pomponio Gaurico）批评佛罗伦萨雕塑家安德烈·德尔·韦罗基奥（Andrea del Verrocchio）创作的巴托洛梅奥·科莱奥尼（Bartolomeo colleoni）雕像是“粗糙的现实主

1 德斯德鲁斯·伊拉斯谟（1466—1536），荷兰哲学家和天主教神学家，被认为是北方文艺复兴时期最伟大的学者之一。——译者注

义”，彼时，那件屹立于威尼斯的雕塑刚诞生不到20年。朱利奥·卡米洛·德尔·米尼奥（Giulio Camillo del Minio）认为，画家不应模仿自然，而应该直接模仿古代艺术的经典范例，因为古典艺术家们已经完成了对天成之物的匠心创作。当认为痴迷模仿的行为“太傻太天真”终于成为共识时，模仿北方名师扬·凡·艾克的热潮也渐进消退。西班牙人文主义者弗朗西斯科·达·霍兰达（Francisco da Hollanda）曾以米开朗基罗的身份写作，公开谴责那些只能吸引女性和虔诚信徒的作品，他说“在弗兰德斯，画家只追求外在的精确性……毫无理性与艺术可言，也不讲究对称和比例”。大约正是在这个时期，全社会开始普遍认同，艺术家必定具有特殊能力，甚至在某种程度上能够构思出超越自然的图像，于是，艺术家头脑中的“想法”比复制不完美世界的能力更受推崇。

当然，艺术家“能够、也应该超越自然”的观点并不新奇。早在约1400年，意大利画家琴尼尼就在他撰写的《艺术之书》中声称，融想象力与手工技巧于一体的绘画能够发现“隐藏在大自然阴影下的无形事物……并将其化为有形”。随着时间推移，画家和雕塑家较其他工匠具备更强想象力的观点，越来越成为理解视觉艺术的核心，并开始见诸各种文献著作中。15世纪的理论家兰西洛蒂（Lancilotti）在1509年发表的论著中表示，绘画就像“另一个上帝和自然”，因为它似乎“可以妙手回春”。而在1508年至1512年，当米开朗基罗在教皇礼拜堂的天花板上绘制出他对上帝创世的构想时，艺术天才近乎超自然的力量令无数人折服。意大利文艺复兴时期著名诗人路多维奇·亚利奥斯托（Ludovico Ariosto）在其代表作长诗《疯狂的奥兰多》（*Orlando Furioso*）中，曾写下惊世名言：“奥兰多不是凡人，而是一个神圣的天使。”身后饱受赞誉的不仅只有米开朗基罗一人，拉斐尔在1520年去世时，也收获了前所未有的褒扬，更有诗歌倾吐了对这位画家的无上崇敬之情，将他比作基督，“他是自然之神，你是艺术之神”。在北欧，人们也常常把阿尔布雷特·丢勒和汉斯·荷尔拜因这样的画家与上帝并举。荷尔拜因创作于1533年的《德里希·博恩的肖像》(*Portrait of Derich Born*，此作品被温莎王室珍藏）上有一句铭文如雷贯耳：“你到底是出自画家之手还是神来之笔？”阿尔布雷特·丢勒在1504年雕刻的作品《亚当和夏娃》(*Adam and Eve*，图5-6）明显有如神助。这幅版画定格的瞬间发生在上帝创造伊甸园之后。那时，夏娃还没有受蛊惑偷吃禁果，人类也还没有因此受诅咒，终身劳作至死。在这里，我们见证了上帝最奇妙的创造：人类身体。借用意大利哲学家皮科·德拉·米兰多拉（Pico della Mirandola）在1486年发表的《论人类的尊严》(*Oration on the Dignity of Man*）中的话，“你不属于天堂也不属于人间，既非凡人也非神仙，所以，你可以……把自已塑造成任何喜欢的形式。”这幅作品对丢勒来说意义非凡，完成终稿前，画家先后创作了若干幅动植物观察图、裸体构造图和两个不完整的测试板，而终稿也有三个版本。丢勒创作的裸体形象源自古典原型：肌肉发达、肩膀宽阔的亚当形象参考的是雕塑作品《观景殿的阿波罗》(*Belvedere Apollo*)[1]，裸体夏娃效仿古典维纳斯而来。丢勒通过画笔赋予线

1 《观景殿的阿波罗》是一尊古罗马白色大理石雕塑，高2.24米，制作于120—140年，以希腊雕塑家莱奥卡雷斯公元前350年至前325年的铜雕为蓝本“复刻”。1489年于意大利海滨城市安济奥出土，现藏于梵蒂冈。——译者注

图5-6 《亚当与夏娃》，阿尔布雷特·丢勒1504年创作的油画作品，现收藏于纽约大都会博物馆

条以生命的高超技艺，的确堪比造物之神。

当然，丢勒在自己最擅长的版画领域潜心钻研“创世”主题绝非偶然。正如近期一些学者所言，在16世纪早期，艺术创作理念开始与生育观念紧密结合。当时，人们普遍认为，母体是胎儿的物质之源，而精液则是形体之本。15世纪解剖学家、医生亚历山德罗·贝内德蒂（Alessandro Benedetti）曾在1497年解释说，那一代画家就像“在精液中勾画出胎儿的轮廓”，这一典型的“男性生殖力”的艺术隐喻表达在当时并不罕见。著名艺术史学家格里赛达·波洛克（Griselda Pollock）关于“女性注定不会成为具有历史意义的艺术家，因为她们没有与生俱来的天赋（指男性特征）”的论断，明显受到文艺复兴时期相关文献的影响，彼时，创意艺术家会把画笔比作阴茎，把画作比作子孙后代。按此逻辑，女画家永远无法获得与男同行一样的平台也就不足为奇了，因为无法加入行会组织，她们的创作空间极其有限，至16世纪后期，女性画家更是完全被艺术学院拒之门外。16世纪最著名的女画家索弗尼斯瓦·安古索拉（Sofonisba Anguissola），曾在16世纪50年代创作了一幅《与贝尔纳迪诺·坎皮的自画像》（*Self-Portrait with Bernardino Campi*，图5-7），画中，她的老师正执笔为其画像，作品以戏谑之笔描绘了女性创作者在一个职业空间受限的社会中的复杂心境。当然，这幅画也向我们展示了艺术创作的“反骨”：画笔可以歌功颂德，也可以针砭时弊，即使这样的尝试在一个精英赞助人主导的艺术圈困难重重。

印刷技术和传播的进步为许多16世纪早期艺术家奠定了赫赫声名，这也是精神概念和手工创作分离的物质表现。很多专业人士，如意大利画家安德烈亚·曼特尼亚（Mantegna）、拉斐尔和丢勒，很

图5-7 《与贝尔纳迪诺·坎皮的自画像》，索弗尼斯瓦·安古索拉创作于约1559年，现藏于锡耶纳国家画廊

快便利用新媒介的技术优势，开始自己制作版画，或将设计提供给他人完成。与此同时，所谓名作的高仿“复制品”也频繁现身，因此，没有机会欣赏名家真迹的人也可以买到达·芬奇的《最后的晚餐》、米开朗基罗的《西斯廷教堂天花板》(*Sistine Ceiling*)或拉斐尔的《雅典学院》(*School of Athens*)。通常，这些作品都是仿制而来，但被冠以大师名号。这自然加速了名家创作思想在整个欧洲的传播速度，也让更多人有机会一饱眼福。另外，“后生代”可以借鉴使用的“名作创作准则”也因此得以成形。高仿品的诞生与普及还从根本上区分了创作的理念（艺术家心中的概念）与作品的物质性，于是，“对象”从艺术中分离出来。值得注意的是，乔治·瓦萨里是一位热心的版画收藏家，作为记忆佐证，这些仿制品在他的艺术史撰写工程中立下了汗马功劳。

现在，让我们回头重新审视一下本章开头所做的对比。我们对“一幅画”和“一把勺子”的不同理解完全与几百年来不断发展的绘画理论有关，其根基源于绘画艺术的神性、自然性和对美与理想的追求。这一理论古来有之，但在文艺复兴时期变得更加复杂，更加亲民，尤其受到了精英阶层的热切追捧，他们在不断提高品鉴素养的同时，也大大提升了画家和雕塑家的社会地位。但这并不意味着我们应该怠慢那些智力价值和研究价值稍逊一筹的非艺术器物，只是要明确一点，艺术有自己的定义，也有自己的历史。《最后的晚餐》的不朽价值足以证明，列奥纳多·达·芬奇在自然、器物与思想三者关系的问题上最有发言权：“画家乃世间人、物之主……宇宙万物的本质、外表、想象皆在画家心、手之间。”

第六章

建筑物

文艺复兴时期的建筑文化、论著与地域

迈克尔·J.沃特斯

在文艺复兴时期，建筑设计被定义为一种基本的人类活动，其出现旨在满足人类基本的生活需求，并依据人体比例衍生出其形式与空间。这门学科的研究对象涵盖广泛的建筑实践和史前人工制品模型，而其中最典型的建筑物与其他器物一样，同属特定空间的有形物质。然而，与众不同的是，建筑的本质是居住性，所以，文艺复兴时期的作家通常将其与人类对居所的基本需求联系在一起。通常，建筑设计力求“长久、稳定”，并与创作地风土人情和生态环境息息相关。出于对基本的功能性、坚固性和传统性考虑，很多设计仍趋保守，传统建筑类型更是在激进的变革潮流中固守本分。然而，到了文艺复兴时期，随着新的技术和生产方式的诞生，以及思想、材料、人员和图像的流动性不断增强，崭新的建筑实践应运而生，传统特征也渐次发生改变。接下来，本章将着重概述建筑论著和建筑地域如何重新定义15、16世纪的欧洲建筑文化，建筑作为一种理念和实体，如何实现与其他类型器物的对话，并以不同的方式追溯过去，展望未来。

文艺复兴时期的建筑模式

在文艺复兴时期的欧洲，建筑设计、施工和建筑贸易构成了一个重要行业，彼时，只有农业和纺织行业可以与之相提并论。建筑和基础设施建设需要投入大量的资金、材料和人力资源，因此，建造具有纪念性意义的公共建筑只能长期依赖统治精英、宗教机构和集体的公共支出。然而，从中世纪晚期开始，城市中心人口密度与日激增，资本主义和商业革命不断催生相关社会经济变革，私人建筑需求也随之增加。虽然囿于规模和成本限制，建筑无法完全商品化，但在日益繁荣的大城市中，商人、银行家和其他领域的精英强烈渴望为家人建造大型宫殿，以展示自己雄厚的经济实力。据估计，仅在15世纪的佛罗伦萨，就有100座这样的建筑拔地而起。商人乔瓦尼·鲁西莱（Giovanni Rucellai）曾在15世纪中期写道，“男人在这个世界上要做两件重要的事情：一是生育，二是建房”。彼时，人文主义者视建造辉煌的宫殿为一种美德，可以完美彰显个人或社会成就。与此同时，市政和教会建筑也未落伍，大行其道的奢侈经济和炫耀性消费激发了建筑行业的突飞猛进，甚至导致15世纪末期佛罗伦萨手工匠人的供不应求。

建筑师在文艺复兴时期的建筑史中一直被奉为核心与灵魂。然而，他们并非各自为战，建筑的规模性和专业性决定了这是一项团体合作工程，参与者术业有专攻。例如，16世纪的意大利石匠隶属于独立的行会，其中包括装饰工、打磨工、锯石工、研磨工、抛光工，以及建筑雕塑家和人物雕塑家。这种专业化分工也出现在大规模建设项目中，如1506年动工的罗马圣彼得大教堂和建于1563年至1584年的皇家圣洛伦佐修道院。这两座建筑不但在造价上问鼎16世纪欧洲诸国，[1]且开创了复杂的建筑管理先河。16世纪意大利人文主义者、神学家维泰博的贾尔斯（Giles of Viterbo）声称，恢宏的圣彼得大教堂极具震撼力，令置身其中的游客油然而生敬畏之心。从1514年起，在教堂的施工的过程中，监管人员负责验收工程，会计负责财务运营，资金存托人负责监管资金分配。“建筑工程队”由监管人和手下数百名工人组成。建筑师不用像之前那样负责现场施工，工程队承包了从材料采购到施工建设的全部生产链。独立建筑企业将工程委托给工头，工头直接管理工人，并通过垄断建筑材料获得巨额利润。随着行会的衰落，大型建筑项目也逐渐改变了劳动力市场的运行模式。传统的个体工匠一般按日计酬或按件计酬，16世纪后，他们开始以团队形式签约，并能在工程启动前收到一部分预付款。

新式管理措施的出台不但规范了施工流程，也大大提高了工作效率。与此同时，建筑绘图的地位在建筑实践中不断上升。虽然图纸并非文艺复兴时期的新发明，但其作为设计辅助、教学工具、交流设备和文献记录的巨大潜力，随着纸张在15世纪的广泛应用而逐渐被建筑者开发出来。为把圣彼得教堂打造成世界之最，建筑师精心制作了各种类型的透视草图、精准平面图和实验性物理模型。同

1　1563年至1584年，埃斯科里亚尔建筑群统共花销约520万杜卡特，圣彼得大教堂在1506年至1620年的花费约为250万杜卡特，其中近70%来自西班牙王室。——原书注

时，作为赞助人和建筑者之间重要的交流工具，图纸在建筑业中逐渐扮演起越来越重要的角色。例如，菲利普二世当年曾下令，施工人员必须严格按照建筑师胡安·德·埃雷拉（Juan de Herrera）提供的图纸和说明打造埃斯科里亚尔修道院建筑群（图6-1）——当代历史学家何塞·德·西古恩扎（José Sigüenza）将其描述为一座从山上雕刻出来的纪念碑——这就要求工人必须保证每一个环节都绝对忠实于原图设计，每一块花岗岩的大小、形状和位置都需准确对应图例。这种只图标准化工艺，不讲个人技能的专制模式，自然引起了当地泥瓦匠和建筑者的一致排斥。

随着创作话语权的转移，建筑界不断涌现出很多现代知名的建筑师。虽然文艺复兴时期从未有过一个关于建筑师的标准定义（长期以来，这个头衔被用来指代指导具体建筑工作的人），但这一时

图6-1　菲利普二世的建筑师胡安·巴蒂斯塔·托莱多和胡安·德·埃雷拉设计的埃斯科里亚尔修道院，位于西班牙马德里。图片来源：汉斯·皮特·谢弗

期的建筑师行业以其独特魅力，吸引了越来越多的艺术家而非受过特训的工匠投身其中。在设计圣彼得教堂的人员中，除了小安东尼奥·达·桑加洛（Antonio da Sangallo the Younger），所有16世纪的首席建筑师都接受过绘画或雕塑训练。虽然这一时期的建筑师们仍旧主要致力于解决建筑问题和结构问题，但同时他们开始更多地关注建筑设计，而不是建筑本身。如此一来，传统意义上依赖于施工过程中不断修改完善建筑的设计模式，逐渐让位于更加严格、权威的先导性蓝图设计模式。于是，建筑师与作家一样，开始拥有自己独立的设计权，他们的作品从此撕掉了集体方案的标签，华丽地转身成个人智慧的代言。

这一转变的实现离不开建筑理论著作的幕后推动。这其中，最早的著作要数莱昂·巴蒂斯塔·阿尔伯蒂于1452年出版的拉丁文版《论建筑》（*De reaedificatoria*）。这本书的创作灵感来自当时唯一幸存的古代论文维特鲁威的《建筑十书》，目标读者是当时的赞助人和学者等精英群体。这本书并不是建筑设计和构建的实用指南，而是一本充满敏锐洞察力的理论著作，一本深奥的古典文献概要，作者意图通过此书将建筑学塑造成一门人文学科。譬如，阿尔伯蒂将建筑学定义为抽象形式（线条）的组合，经建筑师的头脑构思后，通过图纸和模型进行完善，然后由“建筑师手中的工具”——工匠进行施工建造。这一定义确立了形式与材料、设计与制造、建筑师与工匠之间的二分法，但并不能反映当时的建筑实践。确切地说，阿尔伯蒂设想了一种适合于他这样的人文主义者从事的、与体力劳动分离的智力型职业。

与阿尔伯蒂想法不同，大多数从业者认为，建筑学是一门要求各种知识、技能和经验高度协作的学科。例如，既是画家又是雕塑家的弗朗西斯科·迪·乔治·马蒂尼（Francesco di Giorgio Martini）在其著作中写道，建筑师不仅需要理论知识，还需要有设计能力（图纸绘制兼具技术性和创造性）和创新意识（来自实践的创造力和专长）。16世纪后期的法国建筑师菲利伯特·德·奥姆（Philibert de l'Orme）是一位泥瓦匠大师的儿子，他同样声称，建筑实践需要实用技术、专业知识以及聪慧的头脑。他甚至在自己的论著中推广了一种木制细木工的新方法，并试图运用实例分析和理论阐释来解读这种"切割法"（一种切割石头用于制作拱顶的复杂艺术）。与先前的阿尔伯蒂一样，这两位作者也曾试图提升建筑业的地位，并将建筑师与那些没有专业资质和缺乏设计理念的建筑者区分开来。

建筑文化与现代科技

文艺复兴时期出现的现代技术也在很大程度上改变了建筑业，尤其是与战争和建筑紧密相关的技术。防御工事需要第一时间适应战斗局势变化，而军事工程则一直在促进起重机、踏板轮、绞盘机和滑轮等建筑机械的改进。但真正改变建筑实践的是15世纪出现的高效机动火炮和改良版火药。土耳其人在1453年围攻君士坦丁堡时，曾使用大型火炮摧毁了传统城墙，也使法国查尔斯八世等统治者在1494年入侵意大利半岛时得以轻而易举地粉碎了对手古老的防御设施。为了应对这种恶魔般的新发明带来的致命破坏力，统治者不得不考虑大兴土木，在城市和城堡四周构建壕沟、巨大的土城墙和厚而陡峭的砖石墙，这些凸显国家力量与安全的防御措施在当时发挥了极其重要的作用。与此同时，全欧洲的建筑师们都开始积极投身开发更加复杂精密的堡垒群，以便有效回击来敌。此外，他们还开创了放射状城市规划的先河，典型代表作是威尼斯新城帕尔马诺瓦，在战时围城期，这种设计可以确保集中管控，提高通信质量。与早期设计相比，这些大规模的防御建筑就像文艺复兴时期的战时建设工程一样劳民伤财，需要成倍增加的建筑材料和土方，以及大量的人力资源，其中包括熟练工人和成千上万临时征召而来的苦力。

于是，设计并建造防御工事成为文艺复兴时期建筑师的首要任务。例如，著名建筑师小安东尼奥・达・桑加洛除了负责设计教皇保罗三世委任的多个建筑项目外，还同时担任新圣彼得大教堂和教皇国众多防御设施的建筑师，其中包括佩鲁贾的一座堡垒建设工程。菲利伯特・德・奥姆等皇家建筑师同样肩负着监督国内防御工程工事的任务。就连米开朗基罗也在1526年为美第奇家族治下的佛罗伦萨提供了防御工事设计方案，并随后于1529年担任重建佛罗伦萨共和国防御工事的总督。鉴于此，包括阿尔布雷特・丢勒在内的建筑师和艺术家们纷纷通过发表与防御工事设计和建造相关的著述来展示他们的专业特长。然而，到了16世纪中期，技术娴熟、久经沙场的军事工程师开始专职负责防御工程的建造。以吉奥万・巴蒂斯塔・贝拉索（Giovan Battista Belluzzi）的《防御工事论文》（*Trattato delle fortificazioni di terra*，约创作于1545年，1598年出版）为代表的著作，为推动军事建筑发展成一门独特专业提供了理论基础。实践证明，军事防御工程建设领域的从业者仅有书本知识和先验理论远远不够，最重要的是积累实战经验。

受历史主义倾向影响，上述建筑成就并没有改变人们对文艺复兴时期建筑整体发展方向的刻板印象，但这一“向后看”的复古愿望，同样为文艺复兴时期的建筑带来了现代技术和瞩目成就。例如，意大利建筑师菲利普·布鲁内莱斯基（Filippo Brunelleschi）就曾在佛罗伦萨大教堂（1420—1436）建造了巨大圆顶，这是自万神殿以来建造的最大圆顶，开创了一种不以木材为中心或支架的新式拱顶建筑方法。为了比肩古人，布鲁内莱斯基和同行们尽可能使用大型石柱挑战行业极限，这种尝试无疑在客观上刺激了新采石场的开发和新型起重机械的发明，最终，成功突破大型物体的拖移难题，成为文艺复兴建筑文化的一大亮点。建筑师亚里士多德·菲奥拉万蒂（Aristotle Fioravanti）因在15世纪50年代将博洛尼亚的一座砖砌钟楼和一对巨大的古代整体花岗岩柱，从阿格里帕浴场移动到梵蒂冈而声名鹊起。他甚至计划将圣彼得大教堂旁边的古埃及方尖碑移走，当然，这个想法在一个世纪后才由工程师多梅尼科·丰塔纳（Domenico Fontana）付诸现实。

在此类工程奇迹的实现和保存过程中，图纸和印刷物功不可没。梵蒂冈方尖碑移动的壮观场面之所以能够流传后世，完全要归功于当时广泛流通的专业著作，里面的插图精心再现了移动工程的每一个步骤、每一种器械，如巨大的木脚手架、内置起重机绳索以及由近100匹马和1000人驱动的由绳索滑轮组成的复杂绞盘系统。其实，早在一个世纪前，弗朗西斯科·迪·乔治·马蒂尼就在他建筑论文的第一版（约1478—1481）中绘制了许多机械发明的透视效果图，包括立柱升降机、方尖碑搬运机和起重机，以及各种磨坊、泵、起重机和其他机器。另外，他早期敬献给乌尔比诺公爵费德里科·达·蒙特费尔特罗（Federico da Montefeltro）的作品《建筑作品》（*Opusculum de architectura*，约1475）中也几乎都是这些材料（图6-2）。这些文艺复兴时期的设计发明主要依赖迭代绘图，而非物理

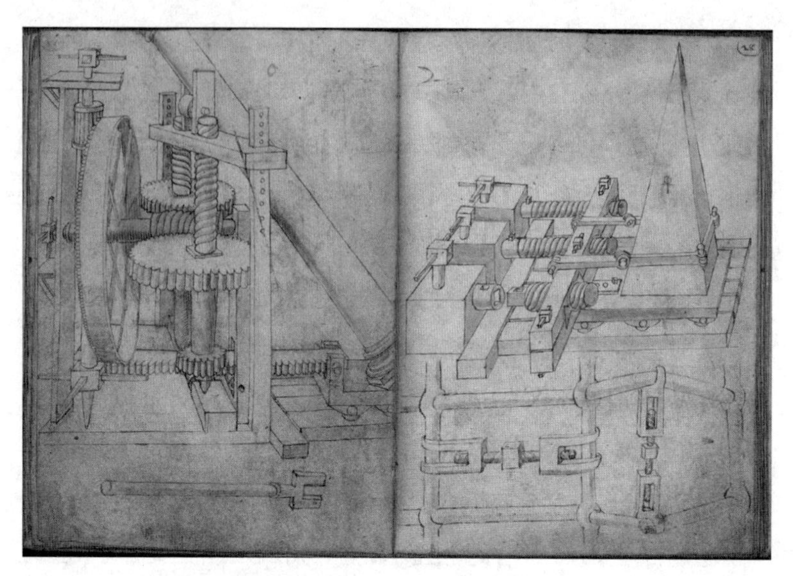

图6-2　立柱升降器和金字塔搬运机，摘自弗朗西斯科·迪·乔治·马蒂尼创作于1475年的《建筑作品》。现收藏于伦敦大英博物馆

实验。事实上，绘制的机械模型实用性和有效性并不强，它们只是一种新型的理论实践，反映了当代建筑设计中亟待解决的实际问题，如吊运大型单体建筑。但这些彰显技工技术、机械智慧和智力水平的图像，不但提升了建筑工程师的社会地位，也很快征服了精英群体，他们对这些“设计奇迹”表现出极其浓厚的研究兴趣，认为机械艺术对维持政治和军事力量至关重要。

因此，在文艺复兴的过程中，无论是在实践中还是在纸面上，建筑设计都演变成了对新兴机器的一种狂热崇拜，这种仰慕心理就好比法国哥特式教堂建设人员对高度的无限向往，不断激励人们创作出更加令人震撼的工程奇迹，最终促使他们将建筑技术推向了极限。17世纪早期米兰大教堂的正面设计，就是一个典型例子。建筑者曾试图用10年时间建造出十根巨大的花岗岩柱子，其中包括部分有史以来开采的最大巨石，每根近20米长，重约280吨。用米兰大主教费德里科·博罗密奥（Federico Borromeo）的话说，这座即将竣工的项目必定会让罗马人、希腊人、埃及人和所罗门人的成就黯然失色。此工程不仅需要新发明的精密机器，更需要每个公民的努力和上帝的眷顾，他相信上帝“一定会帮助虔诚和值得信任的信徒搬运建造神圣建筑的巨石”。然而，尽管历经多年的艰苦采石和前期准备（如修路、造船、制作机械），这项工作始终没有成形。1628年，第一根立柱在运送至马焦雷湖岸边的途中断成了三截，不久之后，该项任务便不了了之。

印刷时代的建筑论著

机械复制品的出现和印刷论著的传播也塑造了文艺复兴时期的建筑发展。一方面，以前只有少数赞助人和学者才能阅读的早期书籍得以广泛流通，同时，随着印刷术的兴起，关于建筑设计与建造的实用书籍也悄然上市。同一时期，阿尔伯蒂和维特鲁威的无插图著作在佛罗伦萨（1486）和罗马（1487）相继印刷出版。来自雷根斯堡的泥瓦匠马瑟斯·罗伊泽尔（Mathes Roriczer）和纽伦堡的金匠汉斯·施穆特迈耶（Hanns Schmuttermayer）发表了第一批用活字和木刻插图制作的论著（图6–3）[1]，该作品详细阐释了建造尖顶和山墙的正确方法，其中的插图作品不仅适合建筑者学习，对其他行业的工匠艺人也大有

1　马瑟斯·罗伊泽尔所著的《尖峰建筑手册》（*Büchlein von der Fielen Gerechtigkeit*）于1486年在雷根斯堡印刷出版。汉斯·施穆特迈耶于1487年至1488年在纽伦堡发表了《尖塔手册》。——原书注

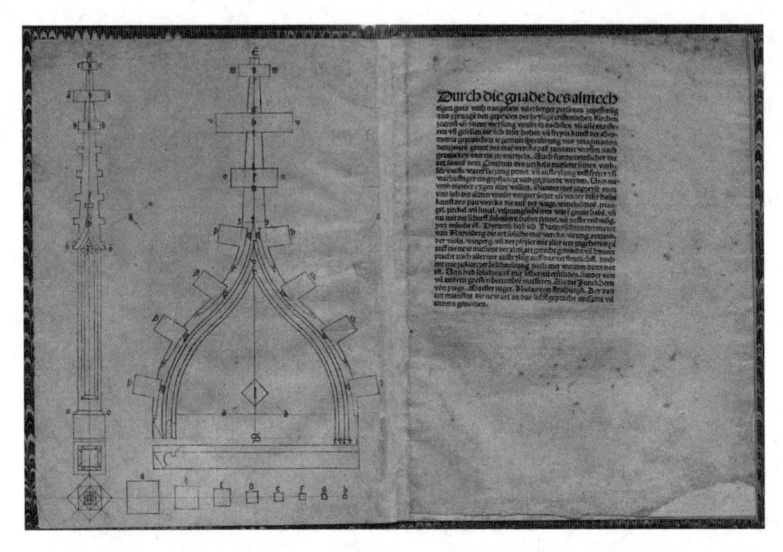

Durch die gnade des almech

图6-3　尖塔与山墙设计图，摘自汉斯·施穆特迈耶的《尖顶设计指南》，1487—1488年出版发行于纽伦堡。现藏于日耳曼国家博物馆

裨益。针对丰富多样的受众群体，作者明确表示："因为每种艺术都有自己的内容、形式和方法，我已尽己所能将上述几何艺术问题阐释得清清楚楚。"几何知识的掌握是顺利解决跨手工领域设计问题的重要环节。同样，最早的单张建筑版画也可以追溯到15世纪80年代，根据荷兰石匠大师阿拉特·杜哈米尔（Alart Duhameel）、金匠雕刻家温泽尔·冯·奥尔穆茨（Wenzel Von Olmütz）及匿名雕刻师W（Master W with the Housemark）创作的版画，人们将其中一些绘制精准的尖塔图像（部分附有图示）设计成了微型建筑帐篷、纪念性十字塔等各种工艺生产车间模型。出版于16世纪的北方建筑专著也一直标榜自己的多元性特征。瓦尔特·里夫（Walther Ryff）于1548年出版的德语版维特鲁威专著和汉斯·布卢姆（Hans Blum）于1550年出版的圆柱模式

手册，都在扉页声明，他们的作品面向建筑者、泥瓦匠、画家、雕塑家、金匠以及其他会在工作中用到指南针和尺子（几何构图的必备工具）的读者群体。这些著作和论文并没有限制适用建筑范围，读者可以充分开发它们的使用潜力，从而促使不同类型的工匠在有限的知识领域内迸发出无限的设计灵感。

意大利著名建筑师和理论家塞巴斯蒂亚诺·塞利奥（Sebastiano Serlio）也同样领教过印刷物的说教力量，以及它通过清晰易懂的图像传播建筑知识的能力。正如他在一部插图丰富的著作的第一部分中提到的，他“制定了一些建筑规则”，“不仅智者可以理解，普通人也可以掌握它”。这些一般规则以柱的渐变序列为基础构成组合系统（“五种柱式规范”首次亮相印刷物），同时辅以一系列古代、现代建筑范例。随后面世的许多16世纪的建筑书籍开始遵循这一模式，专注设计的形式问题，特别是建筑柱式。当然，同时也有部分著作，比如法国文艺复兴时期建筑师菲利伯特·德·洛姆（Philbert de l 'Orme）所著的《建筑学第一卷》（*Premier tome de l'architecture*，1567）和安德里亚·帕拉第奥（Andrea Palladio）的《建筑四书》（*quattro libri dell'architettura*，1570）将柱状装饰的问题压至一个章节，而有的专家，如汉斯·布卢姆（Hans Blum，1550年）、约翰·舒特（John Shute，1563年）、让·布兰特（Jean Bullant，1564年）、雅克·安德鲁·杜·切尔索（Jacques Androuet du Cerceau 1583年）以及朱利安·毛莱尔（Julien Mauclerc，1599年）等人则专门著书阐释这个问题。与此同时，许多雕刻家制作了数百幅包含柱帽、基座和飞檐的单页版画，这些没有配备文本的作品依然深受大众欢迎。16世纪末，德语国家甚至出现了专门的“柱书”（关于圆柱的建筑书籍），这种对柱子的痴迷不仅表明古典主义在16世纪的欧洲呈复兴之势，同时也证明了建筑文化处于转变之态。类似论文和印刷品的普及推动了一种完全基于图像的设计系统，这种系统几乎不需要建筑生产材料方面的知识。很多名家也同时为此摇旗呐喊，如贾可莫·巴罗兹·达·维尼奥拉（Giacomo Barozzi da Vignola）的经典作品《五种柱式规范》（*Regola delli cinque ordini d'architettura*，1562）通过一系列雕刻作品倡导模块化设计的简单通用方法；汉斯·弗雷德曼·德·弗里斯（Hans Vredeman de Vries）在柱上创作的蚀刻书（1565）由大量装饰建筑细节组成，彼此可以任意组合。在这两个案例中，我们看到，建筑版画而非文本成了唯一参考点。事实上，16世纪意大利著名建筑师达维尼奥拉（Vignola）也曾极力追求建筑学的至简之道，"只需一瞥，无须烦琐阅读，所有普通人才都会理解，并能适时使用"。久而久之，建筑构图的完成开始逐步依赖于对机械生成的图形模型进行研究、部署和重释。有些人将这一转变视为设计的民主化，而另一些人则哀叹职业受贬。意大利建筑师雅各布·斯特拉达（Jacopo Strada）在1575年为塞利奥的《论建筑》第七册所写的序言中，称赞塞利奥让"建筑艺术……变得通俗易懂"，并使"任何一个平凡的建筑师……都能建造出不平凡的建筑"；十年后的乔瓦尼·洛马佐（Giovanni Lomazzo）写道，塞利奥"真正创造出了比他胡子数量还多的建筑师"。尽管如此，两人还是一致认为，富于插图的建筑学著作已经改变了建筑业。

其实，上面列举的只是16世纪大量有关建筑主题的印刷品和出版物中的冰山一角，涉及的专业知识包括几何、透视、测量、机械、建筑、工程、园林、防御工事、城市规划、戏剧设计和装饰，以及古代、现代和圣经建筑描述等。这些珍贵文献自诞生之日起便不断被重印、被剽窃，且历经无数次再版、再译。到17世纪早期，塞利奥论文的各个部分已经被译成六种语言，包括意大利语、弗拉芒语、德语、法语、西班牙语和英语，再版50多次。显而易见，这种现象反映了社会各界对各种建筑知识的需求持续上升，建筑知识的社会地位有目共睹。机械艺术创作在文艺复兴时期兴起后，从业者试图记录下它们的理论思想、艺术创造力和技术知识，以供公众消费。与此同时，很多学者也将注意力转向理解建筑，他们的写作素材中随处可见由浅入深的建筑学常识，这些出版物的流通不仅改变了整个欧洲建筑的设计流程，也同时促进了建筑知识的生产和传播。

因地制宜的文艺复兴时期建筑

与其他器物不同，建筑物具有不可移动性。大多数建筑都是建筑师和工匠利用容易获得的自然资源为特定场地而建。文艺复兴时代的早期论著强调了选址的重要性以及气候、光线、空气、水质、合适建筑材料的供应等要素。15世纪建筑师和理论家弗朗西斯科·迪·乔治·马蒂尼曾著书（约1478—1481）阐释如何使城市整体建设符合地形地貌，内容涉及街道和城市空间组织，以及防御和基础设施设计等。文艺复兴时期的作家和建筑家认为，具有深远影响力的自然地理条件将直接影响建筑作品的塑造，因此，理解自然环境是所有建筑师的首要任务。塞巴斯蒂亚诺·塞利奥也曾指出（约1550），“因为不同地区空气、水质和地形差异极大，人生地不熟的建筑师一定要向土生土长的老者，尤其是有丰富建筑知识的当地人咨询请教”。

地质、地形和气候决定建筑文化的概念并非文艺复兴时期的首创，古代作家维特鲁威很早便从生态学角度描述了建筑的演变。他声称，西高加索山脉的科尔齐亚人擅长建造原木小屋，是因为当地木材丰富；而安纳托利亚的弗里吉亚人之所以会用泥、稻草和树枝建造隔热良好的圆锥形小屋，是因为他们那里森林稀少，气温极端（约公元前3世纪）。文艺复兴时期的作家也同样关注到这些差异，并信奉类似的“环境决定论”。例如，城市住宅的宽度应该与用于屋顶桁架和地板梁的可用树木大小一致，建筑者应在多雨雪地区使用高坡度屋顶。当然，我们还可以通过文化差异的镜头来感知建筑实践中的生态原则。塞巴斯蒂安·塞利奥有一本尚未出版的关于“居所”的著作就是一个很好的例子。当时他受国王雇用居住在法国，这部创作于1541年至1550年的作品平行展示了法国和意大利的乡村和城市住宅，从贫穷农民的陋室到高贵王子的宫殿，[1]这些功能相似的不同建筑深刻显示了君主制社会的等级制度，它们不仅在建筑装饰的使用上有所不同，而且在屋顶的轮廓、窗户的大小和室内外空间的配置上也大相径庭（图6-4）。由于凉廊和露台不宜暴露在潮湿和寒冷的环境中，所以，北方建筑通常会避免此类设计。然而，在某些试图“协调意大利习俗与法国商品”的宏伟建筑中（约1550），人们仍然可以看到倾斜的屋顶和天窗，以及柱状的大庭院和宽敞的前庭。遗憾的是，这些针对建筑文化适应性所做的有益尝试，最终都止步于理论。塞利奥在法国期间几乎没有什么建树，正如他后来抱怨的那样，自己只是“一个身处异乡的可怜人，那里没有我的艺术土壤”。

1 塞利奥的《论建筑》第六册书正是通过一份手稿（纽约哥伦比亚大学埃弗里建筑与美术图书馆）、一份牛皮纸演示稿（慕尼黑巴伐利亚国家图书馆）和一套印刷样张（维也纳国家图书馆）而闻名于世。—— 原书注

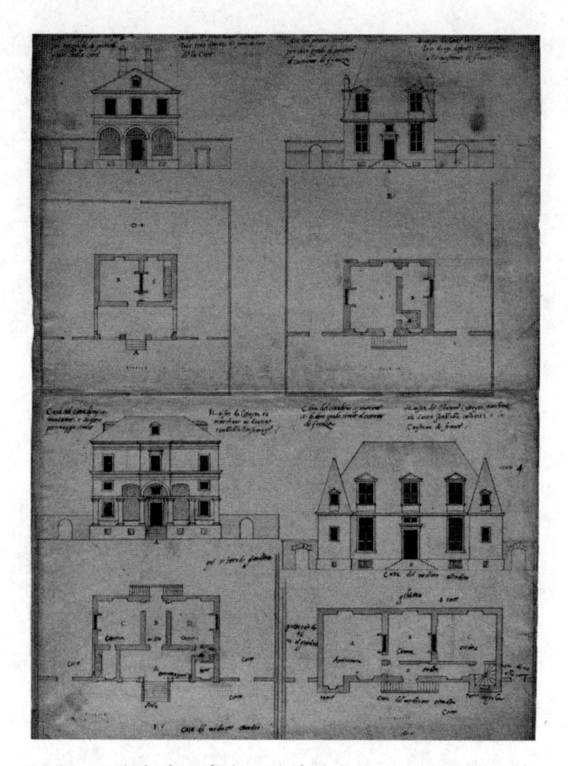

图 6–4　为城外的贫穷工匠建造的意大利和法国风格的房屋（上图），为市民、商人或其他同等阶层人士建造的意大利和法国风格的房屋（下图）。源自塞巴斯蒂亚诺·塞利奥《城市内外居民的住宅》(1541—1550)。版权所有：哥伦比亚大学埃弗里建筑与美术图书馆

意大利古典建筑模式与北欧气候的可通约性[1]一直是建筑文献中普遍关注的问题。如汉斯·弗里德曼·德·弗里斯（Hans Vredeman de Vries）所作的《建筑学》(1577) 副标题所示，这位荷兰艺术家、

1　在研究自然规律和社会规律时，虽然研究对象、研究方法、所用词汇都不同，但最终目的都是为了发现、认识、运用规律，这种殊途同归的研究过程被称为自然规律和社会规律的“可通约性”。——编者注

建筑师试图为“建筑者、石匠、木匠、雕刻家和建筑爱好者”提供一种“使维特鲁威的古典建筑方式适应所有国家建筑习俗”的方法。这意味着他不仅要提供具有经典山墙立面的荷兰住宅模型，还要使意大利建筑模式适应低地国家的气候和城市化。他指出，北方拥挤的商业城市采光有限，对大型玻璃窗的需求与日俱增，但这与“古老的意大利建筑风格”格格不入。虽然这些巨大的玻璃幕墙会引发供暖问题，但它们无疑成为16世纪晚期北欧建筑环境的典型标志，迎合了人们对室内照明的强烈需求。

有时，建筑领域的南北对话饱受民族偏见影响。曾在《通用建筑理念》一书中主张将建筑学作为一门普遍科学看待的意大利建筑师文森佐·斯卡莫齐（Vincenzo Scamozzi）认为（1615），意大利气候温和，人们可以“严格遵循建筑原则和正确的建筑程序”施工，而根据他的旅行所见，人口密集、城墙环绕的德国城市则需要高大建筑，并确保居住房间中等大小，供暖方便。在他看来，德国所谓最好的宫殿既没有宽敞的庭院，也没有高耸的拱形天花板，明显徒有其名，难登大雅之堂。在意大利，日耳曼建筑一直与哥特式建筑有着内在联系，这种建筑风格在15世纪（有时也泛指中世纪建筑风格）被贬损为“德意志手法”（moda、maniera tedesca）。受其影响，从安东尼奥·马内蒂到乔治·瓦萨里等一众理论家纷纷视其为意大利本土模式的对立面，后者后来在欧洲被称为“古代”或“罗马”作品。在拉斐尔看来（约1519），这种外来的日耳曼建筑是其所处环境的产物，在稠密、多树的北方，建筑者往往选择将树枝弯曲并绑在一起，做成尖拱。尽管15世纪的意大利还定义了其他具有本土风格的建筑类型，如15世纪60年代与菲拉雷特建筑委员会有关的文件中提到了独具特色的威尼斯、伦巴第和佛罗伦萨风格，但总体而言，文艺复兴时期的建筑越来越趋向与更广泛的国家身份联系在一起。

到了16世纪，建筑师们甚至有意识地推广具有地域特征和民族主义风格的建筑形式。例如，著名法国建筑师菲利伯特·德·奥姆开发的“法国柱式”由多个被称为“鼓柱”的圆形石柱构成，中间用装饰带隔开，已被摧毁的杜伊勒里宫（1564—1572）当年就是采用这种风格建造的正面结构。他曾在论文中解释说，因为“在这个国家，我们无法找到日后绝对不会分裂瓦解的巨石”，既然自然规律难违，建筑师就应顺势而为，“用小一些的石头做成柱子”。这种“非整体柱”像很多古典建筑中的材料一样，源自自然，源自本土，因此具有明显的法国特色。为了强化民族性，奥姆建议可以用王国的象征，比如百合花，来装饰这些柱子。迭戈·德·萨格雷多（Diego de Sagredo）在1526年早期发表的论文《罗马的土地》（*Medidas del Romano*）也同样关注了建筑元素的象征潜力，并试图将栏杆形的柱子（当代所谓的“银匠式风格”[1]建筑的共同特征）与石榴（西班牙格拉纳达人的象征）联系起来。英国建筑师约翰·舒特在他的《建筑的首要基础》（*The First and Chief Groundes of Architecture*）一书中，甚至把“托斯卡纳柱式”（Tuscan Order）[2]比作装扮成带权杖和王冠的英国国王形象的古代神祇阿特拉斯（古希腊神话中的一位医神）。

---

1 Plateresque，“银匠式风格”是流行于西班牙帝国时代，前承哥特式，后启文艺复兴式的一种艺术风格，在建筑领域尤其著名。其流行时间长达两世纪，在神圣罗马帝国皇帝查理五世治下达到顶峰。银匠式建筑以其雕饰花样繁复的立面而著称，空间布局上与哥特式建筑相似。—— 译者注

2 托斯卡纳柱式是古罗马5种主要柱式中的一种，它的风格简约朴素，类似于多立克柱式，但是省去了柱子表面的凹槽。柱身长度与直径的比例大约是7∶1，显得粗壮有力。—— 译者注

流动中的建筑

文艺复兴时期的建筑也同时超越了国家身份和地理界限。彼时，虽然大多数建筑师和建筑工人都在本土施工，但仍有许多同行远游海外。德国和法国建筑师就曾在14世纪后期到访过米兰，去那里商讨即将开工的大教堂的设计问题，近一个世纪后，斯特拉斯堡和格拉茨的建筑专家也被邀请协助建造仍未完工的教堂十字塔。15世纪后期，意大利各地的赞助人纷纷向知名专业建筑师抛出橄榄枝，锡耶纳的弗朗西斯科・迪・乔治・马蒂尼尤其抢手，此人以其在工程、机械和军事领域的渊博学识和艺术洞察力而闻名。同时，市场对熟练工匠也有很大的需求，比如，伦巴第的石匠就很吃香。而在教皇缺席近一个世纪的罗马，当地建筑业几近崩溃，所以，外来劳动力在15世纪的城市翻新过程中发挥了至关重要的作用。伊凡三世（1462—1505）统治时期，意大利北部建筑师和建筑工人也曾远赴莫斯科，参与建设具有里程碑意义的砖石结构建筑，如多米特大教堂和克里姆林宫的宫殿和墙壁。整个16世纪，欧洲的统治者一直在积极征召擅长设计和建造新型防御工事的意大利人。葡萄牙人在殖民扩张中也主要依赖外国专家，帮助他们在非洲、印度和更远的海岸建立防御网络。在建筑人员和建筑技术高度流动的情况下，虽然理论著作早已上市，但人们主要还是通过实践操作和非公开渠道获得宝贵的专业技术知识。

由于顾客对意大利风格的需求日益增长，建筑的流动性很大程度上受到了制约。菲利伯特・德・奥姆和伊尼戈・琼斯（Inigo Jones）等北方建筑师在贵族的支持下前往意大利研究学习古代、现代纪念碑的设计。匈牙利和波兰的宫廷在15世纪晚期就已经雇用了多位托斯卡纳雕塑家和建筑家。葡萄牙佛罗伦萨红衣主教礼拜堂（1460—1468）、匈牙利埃斯泰尔戈姆的鲍科茨教堂（1506—1519）和波兰南部的克拉科夫老城的西吉斯蒙德教堂（1517—1533）也都是这种输入风格的产物。然而，这些建筑物都是由不同国籍的工人使用典型的当地材料建造而成，也是与意大利贵族家族通婚的赞助人的劳动成果，彼时，这些赞助人还是世界贸易中心的统治者。在具象艺术（figural arts）中，艺术家被视为原动力，而风格被视为定义了艺术家与其所在地关系的有意义的个人选择，与之不同的是，文艺复兴时期的建筑是所有参与者共同创作的结果，其风格更直接地受流行风向和赞助取向的制约。

另外，外国人通常会遵照当地建筑模式施工，或创建基于传统的混合模式。为法国国王弗朗西斯一世建造的香波城堡（1519—1547），就是以意大利建筑师多梅尼科·达·科尔托纳（Domenico da Cortona）制作的木制模型为基础，这座传统法国加固式堡垒建筑，带有尖尖的圆锥形屋顶，两侧对称，融合了古典主义主题和华丽的哥特式风格。在室内，十字形大厅的中心建有一个创新的双螺旋楼梯，四面是按传统的法国方式布置的四个套间。显然，这座宫殿既保留了很多象征封建权力的建筑元素，也融合了不少背离传统的新时尚。这个案例后来甚至成为塞利奥的一个理论设计模型，用来说明如何调和意大利服装与法国商品。杂糅是文艺复兴时期建筑流动性的内在结果。即使像耶稣会教堂这样的中央机构，也会将训练有素的建筑师和牧师派往世界各地，作为履行福音派使命的一部分，他们在监管各地教堂建设的过程中，不但吸收了当地建筑文化的精华，还强制推行罗马模式。

15世纪的意大利建筑理论学家莱昂·巴蒂斯塔·阿尔伯蒂曾说过（约1452），长期以来，建筑师通过挖隧道、填山谷、筑坝湖泊、排水沼泽、造船、疏浚河流、建造港口和桥梁等方式实现了建筑的流动性，促进了商品和知识的交流，“为世界上所有省份打开了新的门户”，并“改善了大众的健康和生活水平”。在文艺复兴时期，建筑本身也越来越具有流动性。如西班牙贵族塔里法侯爵（Marquis of Tarifa）恩里克斯·德·里贝拉（Fadrique Enríquez de Ribera）在结束1518年至1520年的圣地之旅之后，特意委托热那亚的雕塑家为他重建塞维利亚的家族宫殿，并在其中加入相关元素，以纪念他的朝圣之旅。虽然这种正门的大理石设计采用的是17世纪以来人们熟知的“彼拉多官邸”（Casa de Pilatos）[1]式构造，类似于当代的热那亚风格，但内部的柱子架构明显呈杂糅之道（图6-5）。当年的一份建筑合同显示，此建筑的基底采用“古典风格”，柱子顶部为“西班牙风格”，类似14世纪阿卡萨城堡（alcázar）[2]附近的穆德哈尔建筑（mudéjar）[3]。于是，人们可以在一个庭院中纵览不同风格和国别的建筑元素——西班牙当地

1 彼拉多官邸是西班牙塞维利亚的一座安达卢西亚宫殿，是梅迪纳塞利公爵的府邸。这座建筑混合了意大利文艺复兴风格和西班牙穆德哈尔式风格，被认为是安达卢西亚宫殿的原型。—— 译者注

2 阿卡萨城堡是西班牙和葡萄牙的一种摩尔人城堡或宫殿，建于穆斯林统治时期，该术语也用于基督徒在早期罗马、西哥特或摩尔人防御工事上建造的许多中世纪城堡，其中大部分城堡建于8—15世纪。另外，基督教统治者建造的宫殿通常也被称为阿卡萨城堡。—— 译者注

3 穆德哈尔指的是西班牙复国运动之后未曾离开该国但也未改信的安达卢斯穆斯林。此处指结合了伊斯兰和基督教建筑风格的穆德哈尔建筑，这是12世纪以来伊比利亚半岛的主流建筑风格，其影响力延续到17世纪。——译者注

图6-5　西班牙塞维利亚彼拉多官邸主庭院，建造于1528年至1535年。摄影：乔安娜·肯普斯，1895年。版权所有：斯德哥尔摩哈瓦立博物馆

的灰泥雕刻、华丽的琉璃瓦、几何形状的木质镶嵌，刻有哥特式窗饰的石头栏杆——这不禁让人联想到圣彼得大教堂。然而，即使在模式输出的过程中，意大利建筑风格仍不断被赞助人的意志和复杂的文化交融活动塑造着，位于格拉纳达郊外的卡拉奥拉城堡庭院便是典型例证。这座为唐·罗德里戈·德·门多萨（Don Rodrigo de Mendoza）建造的庭院始建于1509年，主要由来自热那亚的大理石建筑构成。然而，在设计过程中，赞助人规定，所有建筑特征必须以他最近在罗马获得的一本素描本《埃斯库里亚伦西斯手抄本》（*Codex Escurialensis*）中的绘图为模型。卡拉奥拉城堡在西班牙建造，大理石雕刻来自热那亚，图纸由一位佛罗伦萨艺术家从罗马文物中获得的灵感绘制而成，

可谓地道的新兴互联文艺复兴的产物。

此外，建筑领域的流动性并不局限于地中海区域和精英住宅中精细雕刻的大理石。1566年，弗兰德斯建筑师汉斯·亨德里克·范·佩森（Hendrik van Paesschen）用玻璃、石板、铁和预制石制品建造了伦敦皇家交易所。文艺复兴时期也同样见证了北方木匠在当地车间制造、测试重型木结构，而后将其运抵订购地的忙碌身影。去世前不久，列奥纳多·达·芬奇还曾被外国的建筑方法深深吸引，以至于考虑如何将传统的法国木制房屋拆卸后用船运到他新建的罗莫朗廷镇。可见，当时建筑领域的预加工贸易已经跨越了大西洋。1578年，海盗船马丁·弗罗比舍第三次航行到北美时，携带了一个预制框架碉堡和1万块砖，用于第一个英国殖民地的建设。事实上，在成为世界各地道路和建筑物的原材料之前，重型建筑材料通常是船舶必备的压舱物。

流动性与媒介

建筑流动性的增强同时也有赖于各种媒介的辅助作用。如前所述，图纸绘制是文艺复兴时期建筑实践的重要组成部分，在设计过程中发挥了关键作用。建筑师可以凭借图纸，以全新的方式探索形式和空间布局。此外，作为一种重要的沟通手段，图纸让复杂的施工实践变得通畅轻松，在某些情况下，它甚至可以通过远程控制完成建筑任务，16世纪后期加里亚佐·埃里希（Galeazzo Alessi）和胡安·德·埃雷拉的作品便是佐证。同时，图纸也逐渐为成为记录古代和现代建筑的工具，开启了一种传播建筑知识的全新视觉形式。总而言之，这些功能显著地改变了建筑与建筑地点之间的关系。

早在14世纪中叶，方济会士尼可洛·迪·波吉邦西不仅用文字记录了他在朝圣之旅中所见的纪念碑，并且通过绘画“呈现它们的形象”，以便“更好地理解”。那些绘制在蜡板上的数百幅城市和纪念碑的示意图，让读者可以更形象直观地欣赏千里之外的神圣建筑景观，或许，这种创作过程还可以缓解长途跋涉的疲劳。这些版画随后被复制和翻译出版，我们完全有理由相信，它们可能为意大利的瓦拉洛、圣维瓦尔多等圣地的景观建造注入过些许灵感。意大利旅行家、古物学家西里科·德·皮奇科利（也称安科纳的西里亚克）在15世纪中叶也绘制过类似的业余建筑图纸，但他对希腊、小亚细亚的纪念碑、帕特农神庙和圣索菲亚大教堂的描绘，并非出于宗教虔诚，而是为了古物研究所用。

在接下来的数十年里，图纸绘制成为前往罗马研究古代遗迹的艺术家和建筑师探索与传播古代文化的重要工具。在这项野外调查活动中，研究人员借助磁罗盘，通过创造性重建部分毁坏的古代纪念碑和重组雕刻建筑的碎片图纸，最终成功绘制完成倒塌建筑的实测分析图。当时，这些图像被记录在活页纸和速写本上，偶尔也会被重新绘制进《乔蒙德利抄本》(*Codex Cholmondeley*) 这样的精美画册中，成为进献给法国王后凯瑟琳·德·美第奇的礼物。这些广为流传的画作之后不断被复制模仿，甚至重新走进建筑实体，成为卡拉奥拉庭院的装饰性柱顶原型。

图纸的持续传播和复制同时也对古建筑和古文物产生了深刻影响。譬如，一位不知名的绘图员在16世纪30年代绘制了一幅中央建筑的平面图，上面的测量和说明表明此建筑位于帕莱斯特里纳，采用抛光砖块建造而成。尽管考古学家从未发现过类似结构，但这幅画随后被复制了至少7次以上，部分版本还额外做了修正，似乎是一个典型的古典建筑样例。意大利建筑师萨卢西奥·佩鲁济（Sallustio Peruzzi）曾仓促绘制过它的局部示意图，还有人小心翼翼地复制了原始图像和文本。1545年，法国建筑师、版画家雅克·安德烈·杜塞索（Jacques Androuet du Cerceau）甚至将其翻译成了蚀刻版画。在创作过程中，他去掉了所有识别性信息，添加了一个虚构的立面和剖面。意大利建筑师、古罗马建筑遗迹的主要记录者乔瓦尼·巴蒂斯塔·蒙塔诺（Giovanni Battista Montano）后来也如法炮制。由此可见，图纸和版画的流动性不仅使古建筑变得越来越平易近人，越来越有可能被替代，甚至让高仿古董真假难辨。

脱离了原始语境的古代建筑，在速写本、画册和论文纸面上与当代建筑设计自由交融。为纪念圣彼得殉道，1502年在罗马建造的圆形多利安式建筑蒙托里奥圣彼得教堂就是典型的例子。这座小建筑部分以现存的罗马神庙为基础，用重复使用的古代花岗岩柱建造而成，竣工后不久，就被绘制在了类似古代纪念碑的旁边。塞巴斯蒂亚诺·塞利奥和安德烈亚·帕拉第奥也将该建筑的木刻作品纳入了他们关于古建筑的论著中（塞利奥，约1540；帕拉第奥，1570）。用画笔在图纸上勾勒古代、现代建筑的实践是文艺复兴时期建筑文化的重要组成部分，图纸以视觉形式见证了古典主义的复兴，同时也模糊了新、旧世界，以及异教和基督教之间的区别。事实上，许多重建的古代圆形寺庙与意大利的“小寺庙”（Tempietto）非常神似，甚至连过时的栏杆和圆顶都被放在鼓形石柱上。

印刷术的兴起进一步加速了这种流动性的传播和翻译。印刷专著和单页版画的面世与流通，使建筑的表现形式——古代的与现代的、真实的与杜撰的——第一次被广泛使用。就像新兴殖民世界的其他器物一样，这些材料往往远渡重洋，传播四海。塞利奥的著作在16世纪60年代开始在墨西哥、秘鲁和印度出版发行。建筑师和赞助人也迅速抓住机会，利用印刷物的潜力来推广他们自己的建筑项目。1589年，腓力二世赞助完成了埃斯科里亚尔修道院建筑群的系列雕刻作品，以此向全世界宣示他的权力和权威。帕拉第奥也曾高调标榜自己的建筑技巧，并通过出版他的宫殿设计和别墅设计来取悦客户，其中包括许多在建项目。从空间、时间和材料中分离出来的二维序列图像，其本质也是不断变化的，随时可以在任何尺度和任何媒介中重用和重释。例如，伊丽莎白时代的建筑师罗伯特·斯迈森（Robert Smythson）就随意从各种材料中借用和组合图案。在弗朗西斯·威洛比爵士位于诺丁汉郊外的沃拉顿大厅（Wollaton Hall，1580—1588）内，斯迈森公开复制了塞利奥论文中的壁炉设计，并用精美的荷兰式山墙、窗饰和类似荷兰建筑师汉斯·弗里斯设计的旋涡花饰装饰壁炉（图6-6）。同时，他还创造性地融合了这两位作家的作品，设计了一个饰有吊带的多利安式大厅屏风。斯迈森也极有可能是从法国建筑师雅克·安德鲁·杜·切尔索（Jacques Androuet du Cerceau）的《第一本建筑书》（*Premier Livre*，1559）中的蚀刻画上获得了沃拉顿大厅的整体设计灵感。他甚至还仿照菲利伯特·德·奥姆在《新发明为我们带来了美好与清新》（*Nouvelles Inventions pour bien bastir et a petits fraiz*，1561）中展示的技术来建造大厅的假锤梁天花板。这种随意挪用和混用传统设计的做法，也只有在印刷图像被普遍认同并唾手可得的时代才可能实现。

图6-6　英格兰诺丁汉的沃拉顿大厅（左图），罗伯特·斯迈森设计建造（1580—1588），摄影：迈克尔·J.沃特斯；教堂正面的科林斯柱式设计（右图），摘自汉斯·弗里德曼·德·弗里斯的《建筑学》（安特卫普，1577），版权所有：洛杉矶盖蒂研究所

结语

无论是从建设角度，还是从建筑位置来看，文艺复兴时期的建筑文化本身就充满矛盾。建筑师一边利用新技术和新机械突破窠臼，一边又在追溯古典中寻求灵感。建筑生产越来越受制于私人资本、市场经济和国内建筑需求，但最大的建筑项目仍然是巨大的宗教建筑群。建筑学通过理论化实现了专业化，并最终将自己提升到了人文学科的地位。然而，随着更加关注抽象设计而非建造本身的专业建筑师群体的崛起，业余从业者也纷至沓来，他们主要通过建筑理论书籍自学成才，并充分利用不断丰富的机械复制图像提高自己的专业素养。文艺复兴时期的建筑也是日渐成形的国际主义产物，四处游历的建筑师、建筑商，以及便携的图纸和书籍让建筑走向世界。但这种流动性并没有引起风格同化或审美统一，相反，外来建筑与

当地建筑融合成了新的建筑模式，这种模式会在设计上充分考虑气候和文化差异因素。同时，面对蓬勃发展的多样化建筑风格和触手可及的建筑印刷品，赞助人和建筑者开始寻求通过特色建筑来强调国家身份。事实上，文艺复兴时期的作家从未想过用一种共同的古典建筑语言来统一欧洲。相反，随着建筑文化在欧洲大陆内外互联程度越来越高，它也同时受制于试图将文化普遍性转变为特殊性的民族主义和宗派主义。在此背景下，古典主义在伊丽莎白时代的英国因太具“教皇主义”而遭新教徒排斥，而在法国，加尔文主义者视其为一种“合适的新建筑模式”。当然，这些现象并不都是文艺复兴时期的特产。例如，欧洲的建筑生产一直在人员和材料的流动中前行——罗马人将部分预制的建筑构件运输到很远的地方；拜占庭的建筑者曾远赴西班牙和德国工作；巴勒莫的诺曼人雇用了整个地中海地区的工匠，利用古罗马和伊斯兰建筑的碎片（spoila），建造了许多具有明显混合气质的纪念碑。然而，15、16世纪的建筑逐渐被不同形式的流动性、建筑实践概念的演变和生产方式的转变所重新定义，它们不但以历史主义风格闻名于世，更以独特的产生方式和流动方式驰名古今。与这一时期的其他器物一样，文艺复兴时期的建筑显示了一种为适应新技术和新交流模式而迅速改变的文化。

第七章

随身器物

苏珊·盖拉得

身体与器物之间互相塑造的关系在文艺复兴时期经历了一次深刻的变革。一直以来，装饰人体的器物总是日新月异。随着新饰品不断推陈出新，人们想象中的身体构造也悄然发生改变。通常，这种重构和重塑主要通过“服装”、饰品（眼镜和气味芳香的珠宝）以及从新大陆进口而来的糖、陶瓷等消费品实现，当然，“自我”也在这个过程中得以提升“再造”。全新的着装和清洁方式让人们有机会追求身体和精神的双重健康，而经济条件稍差的群体似乎与整洁的日常生活和崇高的道德风尚渐行渐远。

在早期现代，身体认知一直处于矛盾之中：是遵循基于体液的亚里士多德医学，还是倾向于基于证据的新兴实证方法；是坚持对身体进行祛魅的神学信仰，还是追求珍视肉体的新美学；在视觉表征和对社会系统的想象方面，是将人体看作统一整体，还是强调其解剖学特征。此外，身体还处于两种服装范式——塑造身体的服饰和具有瞬时性、可与身体分离的服饰——的转换。今天，一些古老的仪式每每会让人联想起服饰的塑造作用：当女孩戴上婚戒，她便成了有夫之妇。而当欧洲基督教徒身上的珍贵饰品若溯源于“野蛮的异教徒”时，用来彰显身份的服饰很难不让人心生焦虑。鉴于此，琼斯（Jones）和斯塔利布拉斯（Stallybrass）认为，早期现代欧洲人渐次发觉，服饰塑造具有瞬时性，与身份无关，它也因此失去了旧时的巨大影响力。这种理念的转变极大推动了服装生产和时尚的流行趋势，也引发了人们对身份的重新定义，即“以面识人”，而非“人凭衣贵”。与此同时，不同风格的服装越来越倾向于将身体各部位分而饰之，比如，环状拉夫领和护腕凸显了头、手与躯干的区别，而彩色紧身裤和遮阴布则让男士下半身凹凸有致。从单纯的服饰塑造到穿戴者身份的权力转移，欧洲人的身体被分割成通过紧身衣和有益健康的精英器物塑造而成的不同部分，这与理想化的中世纪服饰完全不同，彼时，连贯统一的服装设计与身份认同浑然天成。

服装

在圭尔奇诺（Guercino）[1]的一张腿部轮廓草图中，腿部轮廓是通过马裤、长袜、吊袜带和鞋子建构的，但这些元素又进一步加剧了原有的“碎片感”。膝盖上的流苏丝带仿佛试图重建受伤身体的粗糙绷带，自然照应了它的医用功能和宗教寓意。从这张图上可以看出，文艺复兴时期新出现的身体碎片化在艺术家的写实作品和人体

1 圭尔奇诺（1591—1666），乔凡尼·弗朗切斯柯·巴尔别里，绰号为“圭尔奇诺”，意为“斜眼的人”，擅长作壁画、架上画，也作铜版画。

解剖学的相关实践中一目了然。彼特拉克的诗歌也钟情于描绘碎片化身体，关注人体的局部（眼睛、手、嘴唇），而非整体。从形而上学上讲，教会的分裂、基督教的分化、与之相关的国家分裂和新教的灵肉分离使“解体”的观念日益深入人心。圭尔奇诺的素描并非15世纪末、16世纪专注肌肉解剖和身体轮廓的典型作品，由于画中的服装在塑造形体的同时，将腿部分解成了独立于身体之外的若干部分，因此，这幅作品既展示了碎片化问题，又暴露了时尚与时尚创造之间的矛盾对立。

文艺复兴时期的服装构造也趋向碎片化，人们将整件衣服拆分成可独立穿戴的不同部分，其中的组件甚至可以代替现金流通。在禁奢运动和时尚产业齐驱并行的15世纪，衣袖和紧身衣这样的单一元素很快成为风尚主流，拥有了更多的自主设计空间。衣领、袖口、衣袖、紧身胸衣、纽扣以及边饰等服装用品不断在继承者、买主、甚至租客手中重组再构。[1]在纽约大学美术系教授贝拉·米拉贝拉看来，对比文艺复兴时期的服饰理念，我们今天在配饰和服装上的严格区分在早期现代欧洲几乎毫无意义。当时，大多数服装组件经久耐用，有的保值年限甚至超出了一个穿戴者的寿命。而一旦某个部分的布料出现磨损，可以将其剪裁下来，重新加工成适合身材更小或不那么富裕的人群穿戴的衣服，这一古老习俗一直延续贯穿整个19世纪。琼斯与斯塔利布拉斯在2000年所做的一项研究表明，衣服在循环流通时，会带有一种“物质记忆”，因为传承之物上一直书写

---

1 本章的服装术语非常宽泛，大多采用了可识别的通用术语，如长袍和紧身胸衣，而不是乌佩兰德服装、短裙等。由于篇幅有限，不能讨论当地具体的服装发展趋势。——原书注

着“前任印记”，所以，穿上女王旧礼服的侍女更容易被她身边的朋友接纳。

彼时，“量体裁衣”逐渐成为流行趋势。大多学者认为，在13、14世纪的欧洲，时尚风向骤变，随着意大利城市化和商业化进程不断加快，纽扣和针织物这样的新式消费品越来越大众化。不断扩大的贸易路线在北欧和西欧催生了更多的新市场。在此之前的几个世纪里，服装设计的主要目标是彰显身份而非凸显性别。精英群体追求的是面料的品质与长度，用矩形面料制成的束腰外衣才是普通大众的标配。由于制作简单，束身衣可代代相传，男女通穿。可到了14世纪末，服饰的性别差异不断扩大，女装衣长及地，胸衣高腰紧致。相比之下，男性的紧身胸衣则采用低腰设计，内加凸显腹部的衬垫，裙摆向躯干退去，露出腿、脚，有时甚至露出内衣。

早期现代欧洲人的身体在与塑造它的服饰一起尝试各种不同造型的过程中，见证了其内涵的戏剧性转变。通过互相成就，服装让身体成为张扬性别魅力和性感力量的魔力场，然而，这种潮流在很多同时代人眼中简直是洪水猛兽，他们认为，根据身体曲线裁剪衣服是浪费之举，男人的短裙过于暴露，不成体统。但这种迅速风靡开来的时尚，为精英提供了更多炫富和通过视觉奇观挑战他人的机会。

男装中的怀旧情愫

传统意义上的精英男性身体都包裹在盔甲中。我们曾在很多中世纪传奇小说中目睹过骑士盔甲上的标志，这些标志既是身份象征，也是价值体现。然而，这种标识有时也可能会被误读，波亚多和阿里奥斯托在他们写于15世纪晚期和16世纪早期的骑士诗中，反复强调说，盔甲的盗用会导致穿戴人身份错位。其实，这种忧虑在新城市背景下也普遍存在，在彼此陌生的环境下，着装很可能引发身份识别问题：商人可以装扮成公证人，男人可以装扮成修女，等等。《奢侈法》曾试图规范着装，提高辨识度，但我们仍可以看到很多与虚假身份有关的故事版本，因此，人们的焦虑从未消失。尽管16世纪出现自主装甲骑士有怀旧之嫌和不合时宜之处，但关于借用和盗窃头盔、盾牌和铁甲的描述反映了这样一个现实，即盔甲就像衣服一样，各部件是可分离和分散的。文学作品中四处散落的盔甲意象正好呼应了人们对单一身体部位的关注。这些故事和碎片化范式同时反映出身体和衣服之间正在出现的分裂：穿上骑士的盔甲未必能成为骑士。

盔甲也经历过与身体的渐次分离。在中世纪，用于保护身体免受伤害的盔甲赋予了穿戴者特殊的群体属性。然而，随着时间的推移，这种有保护作用的盔甲只能在骑士小说中继续书写传奇，即便源自先进金属加工工艺的精致盔甲也没有了用武之地。到了16世纪，盔甲成了纯粹的装饰品，人们只能在游行庆典和国事活动中一睹精英们身披铠甲的风采。然而，这种徒有其表的战袍对火器几乎全无免疫力，其穿戴功能的弱化已成必然。此后，只有富有的精英阶层才会如期定制漂亮的盔甲，用来装饰宫殿。于是，好斗、自主的骑士形象终成幻影，身后那件由金属部件组装的外壳因此化为永恒的精神符号。《哈姆雷特》中的鬼魂再现了这种幻觉，全副武装的幽灵瞬间把读者带回了那个盔甲护身的尚武年代。

因此，这一时期由精英阶层主导的男装时尚在很多方面都比女性服饰更独特，有的甚至过于显露雄性特征。比如，人们常常会把盔甲上的皮领与平民服装搭配使用，皮耶罗·文图拉（Piero Ventura）甚至建议说，这种皮领元素可以融入平民服装剪裁中，从而使便服更接近军服气质。盔甲淡出大众视野的同时，女性开始追逐男装时尚，彼时的男装设计只能选择更为硬朗的“盔甲”风格，突出男性特征和阳刚之气。

鞋

脚部和腿部的装扮是男性时尚的点睛之笔。斯塔利布拉斯认为，与“践踏”（trampling underfoot）相关的隐喻无处不在，足见“脚部”在层级展示中的核心地位：它既是最卑微的身体部位，又是社会“基础”的象征。尽管如此，人们可能会认为文艺复兴时期鞋子的实用性高于所谓的“塑造性”。然而，事实并非如此，时尚鞋子并非精英专属之物，在16世纪，定制品的价位高低不等，这些传给新主人的鞋子也会带来与二手服装相似的“物质记忆”。通常，鞋子的设计会考虑气候、地形和参加的活动等因素。男鞋的基本款是鞋帮触及脚踝的低跟鞋，系带的靴子则非坦途所用。但在很多视觉艺术作品中，鞋子和裤袜有时很难区分，在15世纪，紧身长筒袜通常带有皮革鞋底，为使鞋底免受泥土、污垢和恶劣天气的影响，人们经常选用高跟木屐或软底木屐，如读者在扬·凡·艾克的《阿尔诺芬尼夫妇像》（现藏于伦敦国家美术馆）左前景中见到的那种款式。厚底木屐还用来保护采用不同颜色和面料精制而成的金线或丝线刺绣鞋子，这些名品经常现身于绘画作品中。

今天，大多数人以为女性是高跟鞋和窄头鞋的时尚潮流引领者，其实不然，这些流行元素起源于文艺复兴时期的男式专属。图7-1向我们展示了15世纪“窄趾鞋”的一个温和版本。而早期风靡一时的长尖翘头“波兰那鞋”（poulaines）的造型更为夸张，甚至招致道德谴责，部分地区为此颁布了“禁奢令”。可以延长男性腿部视觉长度的“波兰那鞋”被视为男性特征的象征，虽然这种鞋子在欧洲大部分地区备受男士推崇，但米歇尔·A.劳兰（Michelle A. Laughran）和安德烈亚·维亚内洛（Andrea Vianello）的研究显示，加长的尖头鞋在意大利男性中并不太受欢迎，究其原因，可能是因为大多数精英男性都在贸易领域或政府部门工作，而波兰那鞋缺乏基本的实用性。但户外活动较少的意大利女性却对尖头鞋情有独钟，彼时，舆论哗然，道德家们认为这种款式不但暴露了女人的性感部位（脚应该隐藏在长袍下），更是对男性权力和魅力的侵犯。

16世纪的时尚焦点“肖邦鞋”（chopines）是一款由高跷状鞋跟抬高的女鞋，通常由软木制成，这种款式极有可能由男性用来在户外保持鞋子干燥的高脚木屐发展而来。16世纪早期，“肖邦鞋”成了女士专用，但因太过惹眼而招来是非，因此，需要与更长、更昂贵的裙子搭配。“肖邦鞋”设计精美，面料多样，高度从5厘米到50厘米不等。与今天的高跟鞋一样，厚底鞋给人一种步态和高度都极不自然的感觉，而穿上高度夸张的“肖邦鞋”则需要有人帮助其保持平衡才能走路。尽管厚底鞋的设计源头有“盗版”之嫌，但最终还是赢得了一些传统主义者的认可，毕竟很多女性的行动因此受限。虽然总有学者将这些厚底鞋与风尘女子联系在一起，但安德烈亚·维亚内洛指出，在16世纪中后期，相比“交际花”们所穿的高50厘米左右的“肖邦鞋”，中等高度的“肖邦鞋”才是上流社会女性的首选。作为威尼斯人的发明，“肖邦鞋”在那里的流行时间最长，一直贯穿整个17世纪，在一个出门就需要走路的年代，“肖邦鞋”能够如此受女性青睐，着实称奇。[1]

男士紧身裤

约从1200年开始，欧洲人流行穿着宽松的针织裤。到了15世纪中期，这种裤子被紧身裤取而代之，紧身裤从脚部延伸到臀部后系到紧身衣上。精英阶层通常会选择贴身紧致、色彩艳丽的款式。为增强腿部修饰效果，紧身裤的设计不断升级改造：16世纪早期，分腿紧身裤在臀部合体，开衩裤子的上半部带有填充样式和形状新颖多变的衬垫，下半段在大腿中部与下面的裤子衔接或缝合。如果紧身裤中没有衬里，男人可能会在内裤外面套上亚麻衬里或袜子。在16世纪60年代左右的整个欧洲，上下分开的紧身裤又被覆盖小腿和脚的长筒袜所取代，搭配许多不同风格的马裤，马裤从腰部垂下，但没有长及脚部如图7-1所示。

传统的布制紧身裤要请专人定制才能保证从脚到大腿的长度完全合体，而针织裤天然随体，买现成的即可。虽然针织品似乎早在13世纪就从阿拉伯世界传入欧洲，但欧洲的针织长袜直到16世纪才出现[2]，不过，舒适、合体、经济实惠（针织袜用线很少）的针织袜

1 维亚内洛猜想，威尼斯女性对自己嫁妆的支配权相对有限，总体上缺乏财务自由才会导致这种现象出现。——原书注

2 根据佩恩（Payne）的说法，针织长筒袜早在9世纪就已经面世，但在欧洲鲜为人知。——原书注

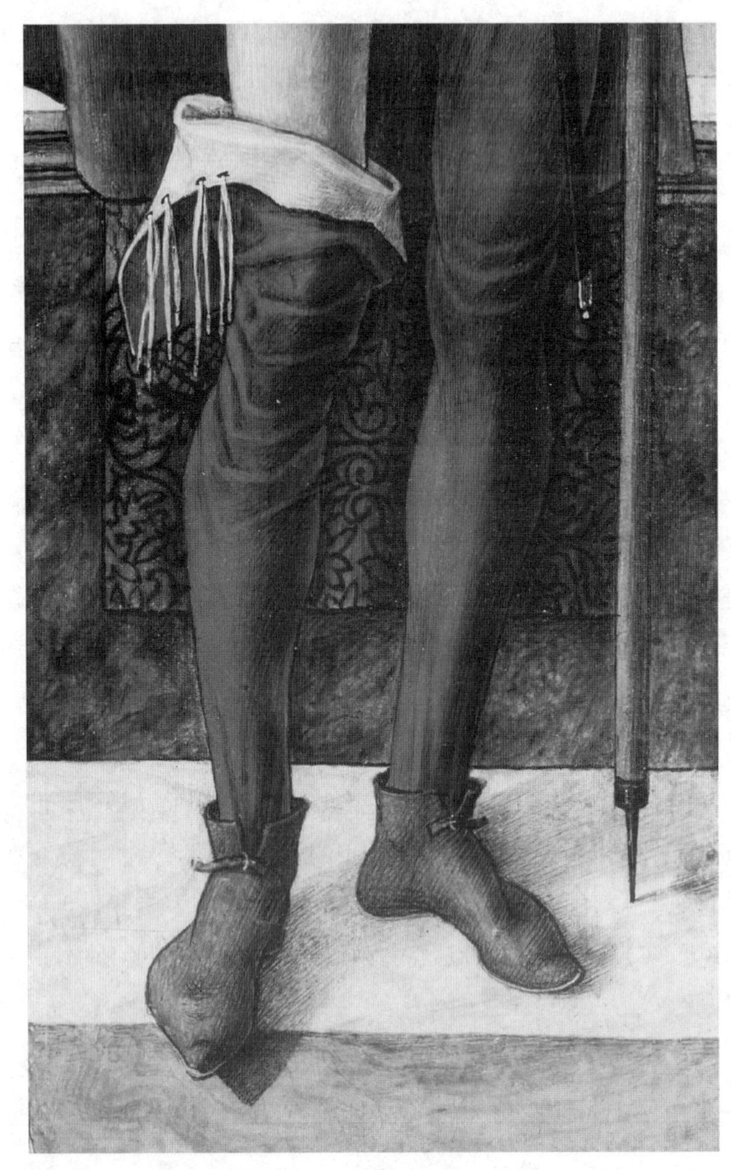

图7-1 卡罗·克里韦利于1480年左右创作的《圣洛克》(*Saint Roch*)。版权所有：伦敦华莱士收藏馆

很快风靡整个欧洲。[1]长筒袜通常用羊毛编织而成，比较而言，丝袜成本要高得多。到了16世纪晚期，紧身针织长袜在膝盖以下的位置已经取代了定制的布制紧身裤。针织长袜是第一款适合人体的成衣，男女皆宜。

尽管腿部不宜外露，但这并不影响爱美的女士大胆尝试曾经男性专属的各种精美长袜。从16世纪20年代开始，意大利各个城市普遍开始推行禁止女性穿着艳丽长袜的“禁奢令”。同一时期，部分意大利女性还会穿上贴身长裤（带有刺绣或蕾丝）用于保暖或骑马；在英格兰和北欧，女性直到17世纪还把白色亚麻布运动衫或汗衫作为她们唯一的内衣。

高调的遮阴布：男性阳刚之体

随着男装裙摆后扬造型的出炉，内裤外的遮盖装饰应运而生，这种套在紧身裤前面的三角布便是15世纪“遮阴布”的雏形，但这与学者们关注的16世纪经典款并无关联。显眼的遮阴布像盔甲一样“美化了男性力量”。到了16世纪中期，当失去实用价值的盔甲成为富有精英的专宠时，遮阴布变得巨大而突出。这种设计流传广泛，价格亲民，包含了一种思念盔甲岁月的怀旧情愫。

威尔·费舍尔（Will Fisher）总结了两种典型的“遮阴布”风格：谦逊的“袋式”和16世纪中期肖像画中常见的“华丽的阳具鞘”。在费舍尔看来，这两种风格分别代表了“生殖性气质”和“超

---

1 林加德（Ringgaard）认为佛罗伦萨和西班牙是针织长袜的发源地。而贝尔凡蒂（Belfanti）则认为，针织长袜的流行源头远不止这两个国家。——原书注

强的性征服气概”。但托马斯·吕滕贝格（Thomas Lüttenberg）认为，由于15世纪晚期的法律谴责男性穿超短裙和低胸上衣，所以“遮阴布”应该是对要求遮蔽裸体的《奢侈法》和地方法令的有力回击，这种设计无疑又将双腿和汗衫暴露在外。然而，吕滕贝格发现，当16世纪的《节约法》声讨新型宽松裤浪费布料时，那些极尽夸张奢华之能事的遮阴布竟然没有引起太多反响，这个现象确实出人意料。当时，主要的评判声音源于对“人造巨物”的质疑。

在流行了大约一个世纪后，遮阴布在16世纪60年代渐渐失去吸引力，到了17世纪早期，基本无人问津。费舍尔指出，就像盔甲可能被借用或盗窃一样，遮阴布虚张声势的本质渐遭质疑，这种对伪造身体部位的排斥反映了一种更广泛的文化，即人们喜欢真诚（不是真诚本身）的理念或外观，而不是掩饰或遮挡。

在没有盔甲的年代，这种阳刚之气十足的遮阴布只是对男性身体进行广泛重塑的一部分。当时，男女服装普遍采用填充物进行塑形，大多数填充物和绗缝物（从上衣到袖子再到紧身裤）都有御寒功能，历史上，它们被用来保护男性身体免受盔甲磨损，而在之后的不同历史时期，花样繁多的填充物陆续问世。从14世纪晚期到16世纪，人们用锯屑、干苔藓或亚麻纤维制成的填充物令腹部夸张隆起；15世纪末到16世纪早期出现了带有蓬松袖子的厚垫裙；16世纪上半叶，桶状胸、宽肩膀和蓬松短裤成为时尚焦点；不久，赋予穿戴者宛若黄蜂腰的“南瓜裤”开始风靡，克鲁埃（Clouet）在1596年创作的查理九世画像中便可见此裤（肖像现收藏于维也纳艺术史博物馆）；同期甚至还出现了夸张的脚趾装饰物［如荷尔拜因1533年的作品《大使》（Ambassadors）］。上述种种刻意将身体反复塑造成高大威严、雍容富贵形象（至少在16世纪晚期之前）的服装设计彰显了强壮阳刚的男性气概，但作为这场重塑男性轮廓运动一部分的“遮阴布”却在学术界倍受关注，究其原因，大概是因为与宽袖子、高跟鞋和针织袜不同，“遮阴布”不适合女性使用。

紧身胸衣与裙撑：重塑女性身体

与男性的遮阴布一样，女性可以通过各种方式和体型来塑造理想的时尚身材，这是当今无结构服装所无法企及的。曾在1498年的米兰遭到法律压制的西班牙裙撑（farthingale）在16世纪中期重获新生。最初的设计是在裙子外面缝一个套箍，形似大铃铛，但这种支撑装置（从竹箍到棉花填塞）很快便被巧妙隐藏。到了16世纪晚期，垂到腰围以下的紧身胸衣开始受到女士热宠，这种胸衣通过收紧腰身将乳房向上挤压，使其远离腰部（图7-2）。被紧身胸衣或内衣压平的上身——依靠胸衣中的刚性元素（通常由光滑的木头、鲸骨或金属制成）支撑起从胸骨到腰部——可以充分展示丰富多样的装饰品。从臀部水平而起的裙撑令腰部曲线纤细如柳。与其他有争议的女性时尚（从“肖邦鞋”到19世纪的系带胸衣）用品一样，裙撑也饱受诟病，人们认为这种设计会威胁到未出生胎儿的安全，不适合孕妇穿着。裙撑、紧身胸衣和多层衬垫组合大大妨碍了女性的运动，将女性身体重塑为“一个宽基底的圆锥，完全颠覆了男性对异性的想象”。

衬衣与拉夫领：清洁身体，彰显身份

到了15世纪晚期，男装和女装的领口开始下移以露出里面的衬

图7-2 《带手帕的佛罗伦萨女士》，摘自保罗·凡·戴尔的专辑，1578年。版权所有：牛津大学波德林图书馆

衫。从设计层面看，这是一种基本形状与古老的中世纪束腰外衣相同的内衣，这种亚麻或棉质衬衫给人独特的视觉享受和丰富的象征意义。白色衬衫的小褶边可以设计在袖子上的斜线下，或缝制在将袖子与胸衣系在一起的蕾丝带空隙里。即便以现在的审美眼光看，这种衬衫的刺绣也很精致，喉咙和手腕处尤为考究。值得注意的是，彼时的衬衫要一直保持洁白如新以示纯洁与财富，据统计，16世纪欧洲各阶层拥有的衬衫比15世纪的都要多。到16世纪晚期，精英阶层几乎每天都换衬衫，与之形成鲜明对比的是他们只用刷子清洁外套，几乎从不水洗。

除了装饰功能，亚麻衬衫还可以在现实和隐喻中“清洁身体”。尽管罗马式浴场在15世纪晚期和16世纪早期的意大利很流行，但到了16世纪中期，在水中洗澡问题频发，一是洗澡者可能会被疾病传染（特别是在公共浴场）；二是洗澡者可能因为湿气入侵而生病；三是人体暴露在冷空气中很危险。清洁身体的首选方法是用白色的亚麻布擦拭身体，与古代相比，这种干洗方式可谓巨大的进步。内衣与衬衫一般都是由女性制造，男性通常负责生产外套，因此，衬衫本身既带有色情意味又蕴含着纯洁布料赋予的道德净化感。由于大多数人买不起亚麻衬衫，亚麻的清洁和净化功能只能是富有阶层的特权。罗德里戈·冯塞卡（Rodrigo Fonseca）在其著作《保护身体健康》（*Del conservare la sanità*，1603）中谴责了洗澡的行为，认为它是精英阶层的过度运动，但仍建议下层阶级普遍尝试。综上可见，亚麻衬衫的确是男士的理想选择，不仅能够吸收汗水和污垢，还能清洁身体，凸显着装者之精英气质。

这种衬衫领口通常会用拉绳拉紧，拉紧时，会在胸部形成褶皱，并在领口形成一个小褶边。在16世纪，这种褶边变得越来越大，越来越重要，最终成为一种分开的衣领，被称为“拉夫领”。随着浆粉在16世纪60年代进入欧洲[1]，亚麻皱领可以坚挺而现，到了16世纪晚期，环状拉夫领主要由蕾丝编结构成，这种新型装饰纺织品价格昂贵，整体呈规则网眼状排列。拉夫领由约10米长的布料缝制成数百个褶皱，形成只有50厘米长的领口。清洗时，可采用不同方式上浆和固定，这一过程可能要花上5个小时，不过，一场大雨就可能前功尽弃。倘若打理不当，拉夫领便会失去精英气质，就像一位意大利萨拉切尼派画家（Pensionante del Saraceni）的《水果摊贩》（*Fruit Vendor*，约1615—1620，收藏于底特律艺术学院）中的小贩一样，他那脏兮兮的衣领一看便是旧货市场的品相。

到了16世纪后期，在饱受战争、饥荒和经济动荡之苦的欧洲，老贵族们感受到了前所未有的危机感，由于定制和保养拉夫领费用不菲，精英阶层开始出现了消费分化。此时诞生的时尚新贵“美第奇领”（由法国的凯瑟琳·德·美第奇推出，但因伊丽莎白一世而闻名）是一种巨大的面部织物框架，前面敞开，后面露出头顶。即使是最朴素的亚麻拉夫领也会让人尽显“华贵”：穿戴者必须站得笔直，并保持头部直立。此外，拉夫领从视觉上将穿着衣服的身体与裸露的面部分开。与其他身体装饰物，如面纱、头盔、耳环等不同，拉夫领是泛欧式的，男女都可使用。拉夫领对脸部的放大效果契合了新的头部清洁方法和整个欧洲将面部作为身份识别中心的观念。

1　简·阿舍尔福德（Jane Ashelford）指出，一位荷兰妇女在1564年将小麦制成的淀粉引入英国。——原书注

面纱、头巾和手帕：纯洁、诱惑与奥斯曼帝国舶来品

尽管面纱是整个欧洲和地中海地区女性时尚不可或缺的一部分，但随着脸部逐渐成为身份识别的核心标志，面纱也引发了很多焦虑。彼时的面纱既是贞洁和纯洁的象征，也可以被解读为诱惑、妖娆，甚至是“危险信号”。美国学者尤洁妮亚·包利切利教授（Eugenia Paulicelli）在2011年发表的著述中，曾以16世纪意大利书中的插图为例，为读者阐释了女性面纱的特征，这些插图中的女性用面纱遮住脸，但她们的“乳沟”却分外显眼。因为蒙面纱的女性可以在不被人发现的情况下做出危险动作，西班牙人科尔特斯（Cortes）成功说服菲利普二世于1586年在马德里禁止女性佩戴面纱。但劳拉·巴斯（Laura Bass）和阿曼达·文德（Amanda Wunder）认为，西班牙披风式面纱很容易穿脱，因此这项立法执行难度很大。

不同于流线型西班牙面纱，15世纪的面纱棱角分明，通过金属支撑、复杂的褶皱和别针投射出刚性气质。在弗兰德斯艺术家罗伯特·坎平于1435年左右创作的一幅女性肖像中，我们看到了一款多层白色面纱。光亮的头饰凸显了女性的面容以及纯洁与洁净的理念，别针和戒指则暗示了她作为已婚女人的贞洁观念。图7–3是荷兰画家罗吉尔·凡·德·韦登创作的《贵妇画像》(*Portrait of a Lady*)，画中那个被透明面纱围起来的女人充满诱惑力，但气质高雅。垂直的头饰和突出的高前额（为示高贵，前额的头发被剃掉或拔去）是15世纪典型受奥斯曼影响的勃艮第风格。这块布料在前额处用别针别在一个褶上，遮住了头发，但却展示了下面精致的发型和镶有珠宝的发带。遮住女性胸部的别针会让我们的视线驻足在褶皱之间的空隙上，衣领的材料薄而不透。

图7-3 《贵妇画像》，罗吉尔·凡·德·韦登工作室创作于1460年左右，版权所有：伦敦国家美术馆/纽约艺术资源联盟

这些典型的例子表明，面纱的制成品差异很大，并不容易准确识别。随着小块高质量丝绸的问世，女性的头饰变得更轻薄、更透明，透明的丝绸成为很多女性头饰的一部分。在15世纪和16世纪的不同时期，人们还会把部分织物贴在后脑勺上，以引人注意（图7-2）。15世纪后期的女性还会用镶嵌宝石的金属网套住头发，这种饰品不是为隐藏头发，而是为了体现美感。16世纪早期的很多绘画作品都展示了这种精致的套网，只不过主要目的是突出发型特点，比如拉斐尔的《唐娜·格拉维达》（*Donna gravida*，创作于1505年左右，现收藏于皮蒂宫）。

彼时，男人和女人都会佩戴有一定长度的装饰性头饰，只是很难将其简单定义为面纱或头巾。从14世纪晚期到16世纪早期，头套和面纱演变成类似头巾的头饰，如“夏普伦”（chaperon）、“敞篷”（mazzocchio）和“巴尔佐”（balzo）。15世纪流行的男士“夏普伦”帽尖是细长的管状，可以披在肩上或置于脑后，一看便知它起源于兜帽。或者，也可以把下垂的披肩像头巾一样绑在头饰上——就像罗伯特·坎平《一位妇女》（*A woman*）中的肖像或扬·凡·艾克1433年创作的《裹头巾的男人》（*Man in a Turban*）中的主角，这两幅作品目前都收藏于伦敦国家美术馆。到15世纪中叶，意大利妇女开始佩戴一种叫作“巴尔佐”的头饰，与穆斯林头巾颇为相似。小版本的“巴尔佐”（见安德烈·德尔·萨托1514年左右为妻子创作的画像，现收藏于马德里普拉多博物馆）虽然用装饰织物制成，但类似于15世纪那种简易的帽子和头巾，这种现象再次证明，为这些饰品简单贴上标签并不科学。这种头饰之所以博眼球，不仅仅因为它们是一种彰显差异性的艺术工具，也如弗里德曼对女性插画的评价那样，是一种“高贵而疏远的装饰品”。16世纪早期仍有市场的“巴尔佐”似乎已被新式头饰“卡皮利亚拉”（capigliara）抢了风头，这种样式通常由假发和卷曲的丝绸织物组成，可以在下面看到头发，示例可见于意大利画家提香于1534年创作的《伊莎贝拉·埃斯特》（*Isabella d'Este*，现收藏于维也纳艺术史博物馆）和洛伦佐·洛托（Lorenzo Lotto）于1530年创作的《卢克雷齐亚》（*Lucrezia*，现收藏于伦敦国家美术馆）。除了这些奥斯曼流行款式的改编版，著名学者夏洛特·吉鲁塞克（Charlotte Jirousek）的研究显示，15世纪流行的高耸无沿帽源自土耳其的时尚[1]，尽管最近围绕面纱的学术争论一直比较激烈，但关于它的起源问题似乎并无非议。

和面纱一样，手帕常被认为是具有清洁功能的白色亚麻布，总让人联想起维罗妮卡（Veronica）的手帕[2]。15世纪的长方形手帕在16世纪演变为一种拿在手里的配饰，精英们的手帕则装饰着精美的花边（图7-2）。刺绣精美的手帕往往会折射出女性悠闲、优雅和井然有序的家庭生活。尽管手帕在16世纪是一种普遍的配件，但像面纱一样，它象征着女性的贞洁或未婚状态。然而，法律有时会限制女性使用手帕，比如，在某些城市，妓女有时被要求佩戴黄色手帕或面纱。此外，米拉贝拉认为，手帕作为一种贴身布料，直接接触皮肤，因此常用来象征品行纯洁和家庭幸福，但偶尔也可能被人误读。

---

1 赛义德（Said）的“东方主义理论”并不能完美解释这一时期的流行时尚。——原书注

2 带有耶稣面像的手帕。传说在耶稣背负十字架走向刑场途中，圣女维罗尼卡曾以手帕为耶稣擦汗，圣容遂留于该手帕上。——译者注

可渗透肌体的科技器物：眼镜、手表、药品和珠宝

根据传统医学理论，眼睛和肌体都是可渗透的和易受影响的：眼睛所及之物都可能治愈或伤害身体。画家的守护神圣卢克是一名医生；在佛罗伦萨，直到16世纪画家们都还隶属于医生和药剂师行会，这种架构充分显示了医疗之于着装、外貌、家庭管理和艺术收藏的重要性。

由此可见，1471年诞生于比萨的眼镜具有深远意义，该发明问世后，迅速惠及整个欧洲。尽管早期的眼镜质量很差，但它们极大地延长了一个人的工作寿命。最初的镜框在鼻梁上有一个铰链，人们可以把镜框折叠起来，实现镜片度数翻倍，将其变成放大镜。尽管几个世纪以来，人们一直对眼镜持怀疑态度——戴眼镜的医生也总是为视力下降者开药治疗——发明眼镜约300年后，光学理论被迫做出了修正。

钟表的发明约在1300年，机械“怀表”则在16世纪出现，这种怀表通常形似大的装饰性吊坠、项链球体或小盒子上的戒指。虽然当时的手表只有一个时针，装饰性功能远超精确度，但将重复绕行线路戴在身上来计算一天时间的想法，相比用季节、教会历法和上帝的线性时间来衡量时间的做法，确有很大进步。而把怀表当作首饰来佩戴则显示了占有时间的财富意义。

尽管当时的服装风尚瞬息万变，昂贵的身体装饰如手表等层出不穷，但炫耀性消费因与中世纪基督教安守贫穷的教化背道而驰，因此，仍会引发焦虑。西班牙画家胡安·凡·德·哈曼·伊·莱昂（Juan van der Hameny Leon）于1627年左右创作的一幅静物画（现收藏于华盛顿特区国家美术馆，如图7–4）便透视了一种对西班牙

图 7-4 《糖果与陶器的静物画》(*Still Life with Sweets and Pottery*),胡安·凡·德·哈曼·伊·莱昂于1627年左右创作。版权所有:华盛顿特区国家美术馆

殖民扩张所致的消费习气的不安。画面正中是一盘原封未动的糖果、腌制的樱桃蜜饯和一个德国圆形烧杯,左前端有一个醒目的进口陶罐“búcaros”。这些稀罕物品的上市无不拜西班牙帝国的财富增长以及1500年以来欧洲“糖贸易”的扩大所赐。彼时,糖已经从中世纪的奢侈香料转变为一种日常主食,主要生产地分布在新大陆。换一种方式来说就是,在伊丽莎白时代的英国,人均糖消费量不超过每年1磅,而今天(2008年数据)的英国人均糖消费量为每年80磅。糖的相对普及又在17世纪初催生了巧克力饮料,在类似的静物画中经常可以一睹其芳容。卡门·里波列斯教授(Carmen Ripollés)认为,这些画作同时显示了马德里精英阶层的富足与好客,以及新大

陆进口贸易引发的过度物质消费和身心疾病。从葡萄牙和新大陆出口至西班牙的陶罐通常被用来储存和冷却水，但它同时可以让水变得更美味。这种独特味道赋予了进口陶罐作为消费器物的特殊地位，很多精英女性甚至会掰下一块品尝，不过，这很容易引发致命危险。如果说绘画本身有治愈疗效或杀伤力，那么这种题材的流行无疑是一种病态文化。

当时，吃陶器比较稀松平常，早期现代医生开具的药方中就经常包含祖母绿等宝石的碎片，据说，这些宝石有特殊疗效，有时佩戴某种石头也可以促进健康或体液平衡，由于皮肤多孔，易受外界影响，因此，某些石头可以达到治愈效果；符号、颜色以及石头本身都会影响身体：即将临盆的女人可能会受鹈鹕符号的保护，而刻有蛇和龙的珠宝则可以防毒。英国学者桑德拉·卡瓦洛（Sandra Cavallo）指出，对保护色彩和象征符号的信仰实际上是在反宗教改革运动期间发展起来的，当时，人们开始重视通过祈祷或雕刻符号而创作出带有宗教意味的珠宝。虽然珠宝颜色的象征性极强，但即使在某一个城市内也没有普遍意义，不过，颜色组合可以改变其内涵。在西班牙人的影响下，15、16世纪早期流行的鲜明色调逐渐让位于更严肃的黑色，这种变化常常与宗教改革和反宗教改革有关。16世纪80年代作家兼评论家弗朗切斯科·桑索维诺（Francesco Sansovino）观察到，威尼斯女性的脸与她们的黑色衣服形成了强烈的对比，使她们看起来更白、更漂亮。

其实，女性脸部变白的一个重要原因是化妆品的普及，特别是在16世纪。这样一来，根据“真实”的面部识别身份（而不是可伪造的服装）就暴露出了新问题：在莎士比亚的《第十二夜》（*Twelfth*

Night）中，奥利维亚说到要取下面纱时，说“我们会拉上窗帘，给你看一幅画”，意即面纱下面是画，而非真实的人。尽管谴责化妆的声音古来有之，但精英女性还是会坚持在脸上和肩部涂抹化妆品，有时甚至使用有毒物质，如铅粉（白色铅）和红粉（红色水晶状硫化汞）来美白皮肤，让脸颊和嘴唇变红润。16世纪的男人和女人常常交换化妆品配方，尤其是让头发变亮的配方。当时，女性可以在头发上装饰衬垫或额外的头发，但直到17世纪中期完整的男性假发才上市普及。通常，药剂师们都会配置药品、化妆品和艺术家的颜料，三者使用原理相似。某种意义上，这种现象正好印证了人们对化妆品的质疑：女性固然可以通过涂抹化妆品取悦男性，但上妆等于用伪造的面具掩盖了上帝的原创，而且，化妆品和其他化学物质一样，可能会伤害或毒害人体。和面纱一样，化妆既可寓意贞洁、虚伪或不贞，也可能成为实现自觉、自主的道具。

16世纪晚期出现的亮白面孔折射了不断变化的身体卫生状况，白色拉夫领和暗色衣服的着装搭配对头部和手部的护理提出了更高要求。与此同时，人们越来越重视对身体分泌物的日常清洁，包括对头部毛发的打理。“理发师外科医生”（barber-surgeons）[1]除了帮助患者拔牙和清新口气外，还负责清理通过头皮、耳朵和鼻子释放出的体液。在16世纪早期，镶有宝石的牙签和用贵重金属制成的耳朵清洁剂被当作收藏品展示或随身携带；16世纪50年代，意大利主教乔瓦尼·黛拉·卡萨（Giovanni della Casa）曾著文谴责这种炫耀

1　在12—19世纪，理发师外科医生是活跃在欧洲的重要医疗群体。他们同时从事理发和外科手术这两种工作，是非正规的行医者。他们为很多患者服务，被誉为“国民医生”。—— 译者注

行为；16世纪后期，这些卫生用品渐渐退出了展柜，制作材料也日趋简单。随后，人们开始热衷使用细齿梳子和摩擦布清洁头部的油脂和干燥的皮肤，以便“睡眠时胃消化产生的病态蒸汽”可以通过头皮溢出。于是，梳子变得和牙签、耳签一样实用，不再被当作珍品展览，而是成为日常清洁必备品。这种对清除体内，尤其是头部，腐败排泄物的关注，说明人们已经意识到个人卫生（以及财富）与身体健康同样重要。

根据盖伦医学理论，气味会渗透人体，大脑是主要的气味受体，而鼻子只是通往大脑的通道。因此，人们会用有香味的物品来防止不健康的气味渗透和破坏肌体。卡瓦洛追溯了中世纪晚期到文艺复兴早期“空气净化观”的转变：从被动防范污浊空气（用粉碎机打碎或燃烧香草，或关上窗户）到主动净化空气，再到审慎使用香水来管理室内空气。医生们则主张通过适当的气味来平衡周围空气中的湿度，例如，夏天用具有干燥性和冷却性的醋，冬天用具有暖性的薄荷和鼠尾草等草药。在15世纪，特别是16世纪的意大利，气味逐渐被重新定义，人们更看重个人在选择和使用香味以促进健康与“精神福祉”方面的特殊意义。

因此，16世纪成为香水与身体装饰物的第一个亲密接触期，人们甚至很难把化妆品、药品和珠宝区分开来，因为许多身体装饰品的功能就是在空气中喷洒香水，以促进和改善佩戴者的健康，不仅戴在颈上或系在腰带上的香丸总是散发出袭人的香气，念珠、项链、钮扣、腰带、项链和手套上也经常被喷上香水。文艺复兴研究学者伊芙琳·韦尔奇（Evelyn Welch）认为，16世纪下半叶香水产品的急剧增长与香水配方的印刷传播，和1576年至1577年的瘟疫密切相关。同样，配方印刷也可以解释为什么越来越多的人会将特定气味与特定体液特性联系起来，任何有这种原料的人都可以根据配方制作出有香味的膏体，并将其填充到金银丝钮扣或珠宝项链中，或制作成喷涂在手套或亚麻布上的香水。这个新兴产业没有任何一个行会能够控制。随着香味物品产量的逐步提高，它们变得越来越日常，也越来越便宜：在17世纪早期的英国贵族葬礼上，人们会把带香味的手套分发给现场的哀悼者。彼时，带香味的手着实炙“手”可热，以至于喷了香水的手套也成为香水销售商的“座上客”。

在提升和促进肌体的健康感与道德感方面，手套有着独特优势。此外，由于手套突出了碎片化身体，在暗示“真诚”的同时也掩盖了它们的覆盖物，所以，上述讨论的种种问题也同样投射其中。在很难“以貌取人”的城市中，手套常被视为信仰或誓言的标志，因为它们在转喻中代表“手”。但它们也常常是空洞、虚幻、分散的，寓意缺席的穿戴者。琼斯和斯塔利布拉斯认为，与没有手的手套不同，戴手套的手具有特殊意义，这里的手套有时仅具有功能性，有时又被赋予了深远意义：它们是高贵的标志、友谊与爱情的象征，偶尔也有调情的意味。自从专家从医学角度强调吃饭和做饭都要保持手部卫生后，人们不禁对“脏手”忧心忡忡，手套自然成了日常生活不可或缺的一部分。带有芳香气味的手套固然可以保持手部清洁美观，但也因此限制了使用者的灵活性，毕竟不是谁都可以“十指不沾泥”。同时，手套还可以隐藏和掩饰污秽，掩盖卑微劳作与灵巧创作的痕迹。若同时通过“脸”与“手”进行身份辨识，可靠性必定会大大提高。然而，就像鞋子一样，手套在赐予佩戴者“高贵”气质的同时，也会让他们深感“无助”，手套是一种兼具信仰与伪装、有用与无用、洁净与肮脏的标识，通过强调“手”的存在与不存在，手套显示了文艺复兴时期身体器物中存在的悖论，它们在创作和塑造身体的同时，也在消解着它。

随着清洁的亚麻制衣可保持身心健康的理念日益深入人心，亚麻衬衫正式亮相，并成全了“内衣”的外化。同时，人类对健康空气的诉求，使精神充盈与个人肌体的关系空前紧密。为了重塑时刻处于变化的身体，人们需要与时俱进，不断花钱置办亚麻衬衫，勤洗衣服，并购置香水和纽扣、手套等带有香味的物品。到了1600年左右，一个人的外在“道德之美”不再表现为对个人财富的放弃和对身体的否定，而是取决于对支离破碎的身体器物的管理。与之矛盾的是，身体器物通过社会建构工具，如浆硬的白色拉夫领、涂抹过的白皙脸庞、精心打造的“壳式”衣装、漂亮高雅的鞋子，还有散发着香味的手、衣服和呼吸等助推“自我”实现道德胜利。[1]鉴于身体器物在这一过程中的决定性作用，恐怕也只有“富有的身体”才配得上“身心健康”。

1　道德本质与社会建构之间的自我二分法借用自范登伯格（Van den Berg）。——原书注

第八章

器物世界

艺术展品和“珍奇屋”

安德鲁·莫罗尔

早在15世纪，珍品收藏就成为北欧宫廷的一种风尚。从16世纪50年代开始，“珍奇柜、珍奇屋”的诞生为这一古老传统注入了全新内涵。历史上享有盛名的皇室藏品不胜枚举，其中颇有代表性的有：收藏生涯始于1553年的皇帝费迪南德一世，始于1560年的德累斯顿萨克森一世选帝侯奥古斯特（Elector August of Saxony I Dresden）、安布拉斯宫的蒂罗尔大公斐迪南（Archduke Ferdinand of Tyrol）和巴伐利亚的阿尔布雷希特五世公爵（Duke Albrecht V）。后者从1564年至1567年，耗时三年专门在慕尼黑建造了一所收纳藏品的豪宅。当然，拥有藏品数量最多、收藏范围最广的，要数哈布斯堡王朝的皇帝马克西米利安二世。其子鲁道夫二世继承并发扬了先帝的收藏大业，将据点从维也纳转移到了布拉格。“珍奇屋”内百科全书式的珍品收藏模式，让人们透过纷繁复杂的器物，看到了一个气象万千的精彩世界。这种形式的收藏始于奥格斯堡的富有商户，尤以富格尔家族为典型代表，这些人不但有得天独厚的广游四海的条件，而且有心怀开明的人文主义信仰。塞缪尔·奎切贝格在成为巴伐利亚阿尔布雷希特公爵的顾问之前，曾担任过汉斯·雅各布·富格尔（Hans Jakob Fugger）的图书管理员和档案管理员，在后来撰写的一篇关于“珍奇屋”的论文中，他畅想了理想中的收藏品，认为那应该是追求智慧的圣地，是系统学习宇宙知识的殿堂。这些包罗万象的器物主要分为自然和人造两大类：人们之所以选择自然珍品，看重的是它们的稀缺性、异域体质和有违自然规律的气质；而人造精品则依靠新颖设计和复杂工艺取悦大众，这一类别中的部分器物也可归为科学发明，如机械装置和测量仪器。尽管每件收藏品因其所有者的个人利益不同而千差万别，但正如奎切贝格关于理想收藏品的论述所示，这种收藏行为的内驱力，是人们想要尽可能完整和系统地认识世界的一种尝试。从这个意义上说，“珍奇屋”便是文艺复兴时期文化中“冲动与抱负”的化身。来自新世界的自然物质为人们了解未知世界提供了有力证据，科学仪器既是科学研究的工具，也是最新技术的示范性标志。除此之外，现代学者倾向于将那些属于人工制品范畴的艺术品和手工艺解读为精湛的技术成果，其存在形式具有极强的艺术性和实用性，可与天成之物一比高下。但这些深得学者赏识的品质往往会掩盖另外一个同样重要的基本事实，那就是，这些藏品的材料、形式和图像也是人类在其他领域的经验展示。

人们通常会在货物清单或合同文本中使用“Kunststück”或其同源词来描述上述藏品。但该词需慎重翻译，它的字面意思是“艺术品或艺术品样品”，而实际上，其内涵有“陈列，展览”之意，因此，翻译成“艺术展品”更为贴切。德累斯顿宫廷的剑匠托马斯·鲁克（Thomas Rucker）曾把自己铸造的铁制御座视为此类“非凡的艺术展品”，这件珍品注定要成为鲁道夫二世帝国“珍奇屋”的一员：遍布御座每一个部位的精致雕刻（如座位腿、扶手、底座后轨），以《但以理书》（*Book of Daniel*）中“四大王国”的寓言为框架，再现了从埃涅阿斯到16世纪作品诞生之日的整个罗马帝国发展史。1572年，奥格斯堡著名的仪器制造商克里斯托夫·舒斯勒（Christoph Schissler）致信萨克选帝侯奥古斯特，向他赠送了一系列特殊器物，包括地球仪、天文仪、星盘、行星球、“不同寻常的奇妙的”时钟、日晷和罗盘。除了这些纯实用性工具，礼品中还有为数不少的奢侈品，比如圣经故事中提到的所谓的“亚哈斯日晷”（Hydrographicum）——据《圣经》记载，得了重病的希西家王被以赛亚医好，而后，他得到上帝的征兆，通过日晷让太阳的影子后退了10个小时。而另一件更具传奇色彩的藏品，据说可以复制《约书亚记》第10章第13—15节所描述的奇迹，即在约书亚的请求下，太阳在天空中静止一整天，以示上帝之恩。舒斯勒也将他的发明描述为“非凡的艺术展品”。其实，这些非凡藏品的存在价值并非向世人昭示其实用性，更多的是要展示独创的设计和精湛的制造工艺。当然，很多藏品还蕴含了丰满的原创理念，比如，鲁克的作品以史料为基石，以寓言故事的形式描绘了神圣帝国的恢宏成长史，而舒斯勒的礼单则意图重现《圣经》奇迹。

这些器物的“独特性”也是吸引众多收藏者趋之若鹜的魅力所在，而原创性和精准营销是出品者最引以为傲的标签。从更深层次上看，这些崭新的制造理念背后，是一种矢志不渝的信念，是坚信现代世界的所有发现和发明都是人类努力创新的结果。这既是文艺复兴时期联结中世纪与现代的必然结果，也是促成这种转型的决定性因素。

本章将以评判性视角审视这些为“珍奇屋”而生的“天选之物”。它们既非大自然原创，也非人类实用工具，其存在本身就是为了引起人们对智力、知识和思想世界的深入思考。

一种艺术观

“Kunststück”这个术语的核心是“艺术”，而非“技术”，后者指的是一种实用技能、技术、原则或制作工艺。到了16世纪中叶，在经年累月的探索提升中，艺术观念日臻成熟，其内涵已不局限于工艺技能，更是艺术对话形式的广义呈现，其中的技术概念也比中世纪有了更宽泛的内涵和象征性。早在15世纪，这种新的艺术观便落户意大利，到了16世纪早期，随着南北艺术联系不断加强，这一观念在北欧世界也赢得了有力回响。今天，我们能够在一份不同寻常的备忘录中，得以窥见有关这些新主张的完整陈述。这是一份呈送给萨克森选帝侯腓特烈·奥古斯特的备忘录，作者是威尼斯艺术家雅格布·德·巴尔巴里（Jacopo de Barbari），1500年他首次在纽伦堡定居，随后在1503年至1505年为弗雷德里克工作。作为意大利艺术思想走进北方的早期重要传播者，雅各布虽非才华出众，但他的理论知识却受到阿尔布雷特·丢勒的高度赞赏和追捧。在一篇题为《论绘画的卓越性》（*De la ecelentia De pitura*）的备忘录中，他明确表示，绘画是第八大人文艺术。

雅格布认为，真正的画家必然文理兼修，没有足够的知识储备，艺术创作便无从谈起，更重要的是，绘画比任何一门艺术都更具综合性：几何学和算术是正确测量和确定比例关系的必要条件，而这些又反过来成就了恰当的自然表达形式。根据维特鲁威对建筑师必备技能的描述，雅格布提出，必要的音乐和哲学知识是画家正确理解位置、空气条件、气流影响，以及树木、石头的本质和属性的前提。另外，诗歌和历史，尤其是对相关主题、构成、语法、辩证法和修辞学的关照，也同样不可或缺。最后，画家还应通晓天文学知识，这是理解手相、面相和星体对人类性格影响的重要基础，也是各种叙事性绘画（故事和诗歌）中，恰当描绘人物性格的必要常识。在后面的章节中，雅格布继续强调，画家还应谙熟亚里士多德的《灵魂论》，以便更好地理解自然形式的视觉呈现和光射线的本质，从而对自然材料的使用通达炉火纯青之境。

雅格布热情倡导的"知识型"艺术创作形式，给阿尔布雷特·丢勒留下了深刻持久的印象。在主动结交了这位威尼斯艺术家后，丢勒坦言，自己曾积极向朋友学习维特鲁威的比例原则，可惜无功而返。之后，他潜心钻研数学、几何和比例等理论学说，并就人体比例问题陆续发表了大量极具影响力的论文，代表作包括《人体比例研究四书》（*Treatise on Human Proportion*，1528）和《测量的艺术》（*Painter's Manual*，1525），这些著作为后世艺术家的学习提供了权威的理论支撑。

16世纪40年代，德国人文主义者在其作品中充分阐述了意大利文艺复兴时期的人文主义理想。纽伦堡数学与写作大师老约翰·诺伊多费尔（Johann Neudörfer）在他的《始于1547的纽伦堡艺术家与工匠笔记》（*Notes on Artists and Craftsmen from the Year 1547*，1547）一书中，揭示了手工艺者对待艺术和美学的"匠人"态度，这也是16世纪40年代纽伦堡工匠们身上的共同特质。诺伊多费尔不但对制作和创新过程中取得的技术成就大加赞赏，也极力推崇对理论原理的学习。譬如，他认为著名金匠文策尔·雅姆尼策（Wenzel Jamnitzer）[1]和他的兄弟阿尔布雷特在“艺术发明和发现”领域的地位不分伯仲，都是当之无愧的技术革新者。诚如所见，诺伊多费尔眼中的“艺术”本质是实践和技术成就，比如，在银、石、铁的盾徽和印章上熟练雕刻，用最美丽的颜色给玻璃上色，用银蚀刻，用金属铸造栩栩如生的小动物，其中尤以最后一项技艺令人叫绝。毫无疑问，这样的艺术造诣必定离不开夯实的透视与测量理论基础。在传记的其他地方，诺伊多费尔多次表达了对类似原则的敬畏之情。

德国建筑设计师彼得·弗洛特纳（Peter Flötner）和雕刻家乔治·彭茨（Georg Pencz）是业界公认的“透视法与几何学”专家。前者擅长在自己的设计中融入历史叙事元素，后者以其对叙事构成原则的参悟闻名于世。“透视”是知名插画家老格奥尔格·格洛肯顿(Georg Glockendon)作品的特色，他的儿子温泽尔还出版了一本相关主题的著作。德国雕塑家约翰·特施勒（Johann Teschler）曾“严格按照比例，精准创作出完整画面……果然惊艳”。金匠雅各布·霍夫曼（Jacob Hoffman）曾因技术的多元性而深受国王、王子和贵族的追捧，而他匠心独运的代表作则完美融入了其对“对称性”的深刻理解。总之，诺伊多费尔认为，他所处时代的作品无一例外，都体现了创作者对透视、尺度、比例、对称，以及对古老题材和风格的

---

1 文策尔·雅姆尼策（1508—1585），金匠、艺术家和蚀刻版画家，曾在纽伦堡工作，是他那个时代德国最著名的金匠，也是神圣罗马帝国皇帝的宫廷金匠。——译者注

高度重视。毋庸置疑，意大利就是这种艺术原则的理论发源地。

这种“意大利式”艺术原则同时也影响了纽伦堡医生、人文主义者、维特鲁威作品翻译家瓦尔特·里夫，在1547年的《意大利和古典建筑作品汇编》(*Compendium of Italian and Classical Writings*)第六章《雕塑指导》(*Instruction in Sculpture*)一文中，透过“建筑与数学、机械艺术”一节，窥见此原则的延伸形式。作者强调说，没有对数学艺术的透彻理解，就不可能创造出真正伟大的艺术。他认为，这些知识是当前意大利雕塑实践的数学基础，而这些实践也是基于对古代雕塑家的模仿，这样的雕塑家是他心目中“真正的古人”。此外，艺术家还应重视对古代文学和现代雕塑知识的研究和吸收。例如，现代雕塑家们如果想成功雕刻一位巨人，应该阅读并反思维吉尔对波吕斐摩斯的戏剧性描写风格；如果要创作一匹“漂亮而匀称”的马，则应反复揣摩文艺复兴时期艺术家多纳泰罗的《加塔梅拉塔骑马像》(*Gattemelata*)，这件位于意大利帕多瓦的雕塑被公认为“艺术奇迹”。而要刻画出一匹活泼马儿的特有体态和动作，则建议雕塑家去拜读维吉尔关于特洛伊青年的诗歌，他们的精湛骑术在作家笔下熠熠生辉。在里夫看来，一个合格的艺术家应该将古代文学的修辞惯例，巧妙运用到自己的艺术语言中。

诺伊多费尔的言论充分表达了当时精英工匠们对成熟艺术理论的高度接受。“艺术”是工艺世界的自然进化成果，而那些具有浓厚收藏兴趣的富有赞助人，则为这种新发掘的创造力和自觉意识注入了特殊动力和方向。技术和概念上的独创性恰好符合他们对理想藏品的期待。从此，这些诞生于城市人文主义沃土的蓬勃作品，走进了奇异而迷人的“珍奇屋”，在那里，它们与天成之物和科学仪器平分秋色，于静默处无声地传递着知性与智慧。

“珍奇屋”与细木镶嵌工艺的美学价值

值得注意的是，当代学者往往忽视对艺术品的质量、背景和接受度的研究，而这些方面恰是所有不同工艺媒体的关注重点。本节将着重探讨一种代表性器物的发明、发展和接受过程，这一典型作品是全新艺术表达形式和收藏文化的产物。这种产物就是专门用来展示珍稀收藏品和小型艺术品的“珍奇屋”，或称其为“艺术橱柜”，事实上，它就是大型“艺术博物馆”的缩微版。最早的“珍奇屋”选用细木镶嵌工艺（intarsia）[1]，这种新开发的表面装饰技术采用不同花纹和纹理的木材制成复杂图案。在制作工程中，工匠们开发出了前所未有的视觉语言。

细木镶嵌技术始于15世纪的意大利，而后又传播到了阿尔卑斯山北部的纽伦堡和奥格斯堡。这些城市悠久的木工传统是新工艺蓬勃发展的技术基础，而同样领先的金属加工工业则使超薄钢丝锯顺利下线，薄木皮的制作问题自然迎刃而解。大约从1560年开始，置办细木镶嵌的“珍奇屋”成为整个欧洲的流行时尚。彼时，市场需求激增，订单纷至沓来，预定产品的工艺标准和设计复杂性各不相同，有私人定制的高端产品，也有选用简单工艺的批量制造。

从15世纪的意大利开始，媒介的特殊性质造就了细工镶嵌工艺

---

1 细木镶嵌是一种在西方流传了上千年的木工技艺，源于7世纪以埃及为中心的北非地区。主要制造过程就是把不同颜色、纹理的木头打磨抛光后，裁刻成非常细小的形状，进而镶嵌、拼接、粘贴在薄木片上，构成有立体视觉感的彩色图画。—— 译者注

与众不同的视觉体验，正如乌切洛（Uccello）等一众艺术家倡导的那样，艺术创作离不开对几何立体的深入研究。而在托斯卡纳艺术家瓦萨里的作品中，我们却发现多纳泰罗曾指责乌切洛在几何研究，尤其是多面立体研究上，花费了太多时间。由此可见，历史画家对这种媒介根本不屑一顾。他认为，这种知识只对那些从事细木镶嵌的匠人有价值。尽管瓦萨里态度傲慢，但细木镶嵌工艺确实是与透视法发展密切相关的一门艺术，在意大利的地位不容小觑。在德国，从业者的兴趣点一直集中在立体物体和表面图案的映射上，而非空间再现。然而，对于阿尔卑斯山脉两边的从业者和赞助人来说，通过组装几何形状来构建表征是一种独特的艺术形式，正如法国艺术史学家安德烈·查斯特尔（André Chastel）所说，“数学形式创造了自己的艺术对象”。

这种技术对基础材料要求极高，贯穿整个制作过程的木材在分段木片和成品之间创造了一种触觉享受，一种独特的艺术理念和审美体验，确切地说，是一种全新的审美秩序。这是一种由平面生成立体的技术，一种于虚无中生成具象的技术，一种将硬边木片上不同颜色和色调的抽象图案组合在一起的技术。早在1677年，意大利耶稣会作家丹尼洛·巴尔托利（Daniello Bartoli）就将细木镶嵌的美学意义与象征主义进行过类比：

用一种事物表达另一种事物，正是这些工艺品神妙奇特与赏心悦目之处。所有“错觉”都拜“真材实料”所赐，这与我们用历史、寓言、自然和艺术形象影射道德秩序中的对应问题，有异曲同工之妙。

这种例外论（exceptionalism）很快便得到奥格斯堡橱柜制造商

的认同。1568年，他们向市议会请愿，反对画家直接在木板上作画，理由是“精湛的细木镶嵌工艺为城市赢得了美誉，没有哪一位丹青妙笔的色彩创作可以与这些纯粹的木质纹理相媲美。18世纪奥格斯堡工艺传统领域的古物学家和历史学家保罗·冯·斯特滕（Paul von Stetten）认为，细木镶嵌艺术仍然保留着当地的优秀工艺传统：

……这种大受欢迎的镶嵌工艺在德国很少见。这些作品大多呈现的是建筑和透视效果……当然，也有城市景观、花卉和历史场景，但不如前者成熟。此类工艺品中不乏艺术精品，它们通常声名远播，价格高昂。

除了技术的独特性以及材料和表现形式之间的新颖互动外，这些设计的非凡之处还在于它们与一般绘画传统不同，镶嵌而成的图像结合了自然主义景观、废墟和抽象几何形式，在貌似不协调的拼接中呈现出令人叹为观止的透视构造。

在所谓的“弗兰格尔施兰克橱柜”（Wrangelschrank）中，上述特质得到了最好的诠释，这件精致文物目前收藏于德国明斯特市的北莱茵－威斯特法伦州艺术与文化博物馆（图8-1）。尽管此橱柜现在以17世纪的主人，瑞典帝国元帅、波美拉尼亚总督卡尔·古斯塔夫·弗兰格尔（Carl Gustav Wrangel）的名字命名，但这件为富格尔家族某位成员定制的作品诞生于1566年，出自一位“带有家族标记的匿名大师”之手。“弗兰格尔施兰克橱柜”是现存历史最悠久的“珍奇屋”之一，打开盒子状橱柜后，形似罗马神庙的两层、双柱正面跃然眼前，里面是拱形门，门上雕刻着著名的罗马战役场景，每一场战役都被仔细贴上标签，其后是抽屉和陈列架。与之形成鲜明对比的是，外部面板和门上满目疮痍的战争场面映现出超越现实的

图8-1 弗兰格尔施兰克橱柜，出自一位“带有家族标记的匿名大师”之手，制作于1566年。现收藏于德国明斯特市的北莱茵－威斯特法伦州艺术与文化博物馆

复杂性：古建筑的残垣断壁、丛生的杂草、四处散落的奇怪卷轴装饰与奇异的几何结构胡乱堆砌在一起（图8-2）。前景中，一系列不同元素——在残躯碎片中沉睡的菩提、斜立着的马雕像、若隐若现的花瓶、一只火鸡、一只蹲伏的猫头鹰——以一种任性的诗意逻辑，将各种图像形式与象征意义混杂在一起，而这种逻辑既无尺度，也不连贯。与内部井然有序的人类历史和行为形成鲜明对照，这些外部嵌板仿佛带我们走进了一个怪异的无人之境，只有那些散落在荒野的破碎残骸可以证明：这个世界，我们曾经来过。

这些奇怪的意象并不符合16世纪艺术的常规分类。尽管上面也有风景和静物元素，但它们没有遵循风景或静物的绘画惯例，当然，也不是任何现代意义上的有序装饰。先前的学者几乎无一例外地选择

图8-2　弗兰格尔施兰克橱柜的外门细节图。现收藏于德国明斯特市的北莱茵-威斯特法伦州艺术与文化博物馆

以形式主义为切入点，从意大利文艺复兴的角度及其影响来做阐释。利塞洛特·穆勒（Liselotte Möller）曾专门著书研究过这件“珍奇屋”，在她看来，柜中的雕饰属于欧洲“风格主义”（Mannerism）[1]的极端特例；在美国艺术史学家詹姆斯·埃尔金斯（James Elkins）眼中，它们是对意大利、德国和弗兰德斯风格的彻底改造与重组，从而形成了一种既古怪又新颖的风格。英国画家克里斯多弗·伍德（Christopher Wood）则认为，这种风格“部分实现了德国工匠的知识野心”。然而，这种奇特风格和主题的诗学及其形式的本体论仍有待探索。

细木镶嵌的诗学

彼时，这种“珍奇屋”被销往欧洲各地，并以不同形式出现在诸如巴伐利亚公爵、丹麦国王和法国的凯瑟琳·德·美第奇等王公贵族的收藏清单中。1589年，丈夫亨利二世去世后，凯瑟琳的财产清单中惊现数目众多的“珍奇屋”，其中7个采用乌木镶嵌工艺，包括一间豪华的“德式套房”，“抽屉角落镶嵌有银色壁柱，俨然一个剧院……”事实上，当时的法国宫廷对这种独特的镶嵌工艺并不陌生。1573年，凯瑟琳·德·美第奇在杜伊勒里宫的御花园指导了一场盛大而富有诗意的舞蹈表演，即享誉后世的“波隆纳斯芭蕾”

1　风格主义又称矫饰主义、手法主义，是一种16世纪晚期在欧洲出现的艺术风格。“风格主义”一词最早源于瓦萨里的著作《艺苑名人传》中，他用“grande maniera”等词来描述文艺复兴三杰——米开朗基罗、达·芬奇和拉斐尔的风格，认为他们超越了古希腊罗马时期的前人在艺术领域的研究。后来风格主义则慢慢带有贬义，指将文艺复兴时期的宗旨——和谐、理想美、对称比例这三点的本质摒弃，模仿这三大家，或是刻意炫耀技能的一种风格。——译者注

（Ballet des Polonais）[1]，当时的人文主义者、宫廷诗人让·多拉特（Jean Dorat，1508—1588）曾绞尽脑汁，意图创造一个恰当的比喻，来盛赞这一精心设计的、正式的、诗意的场面，最终，他选择的意象是一张嵌花写字台。在这个类比中，诗人巧妙地将镶嵌工艺的独到之处与芭蕾舞中有趣而又复杂的新颖动作加以比较，令人耳目一新，豁然贯通。这种修辞手法的运用也体现了当时人们在欣赏高雅艺术方面的审美素养。

……一群仙女合着节拍翩翩起舞……她们的舞步时而缓慢冷艳，宛如优雅高贵的女王翩然驾临；时而轻松灵动，如海豚曼妙轻盈。她们千百次短暂前跃，短促后撤；又千百次腾跃而起，悬停空中。上一秒蜂拥牵手，下一刻群鹤聚首。此时，仿佛树树联结，巧妙缠绕。彼时，又有全新造型跃然舞池。这变幻莫测的舞姿岂非写字台上的有限符号可以描摹，也非沙滩上的欧几里得线所能比拟，更非棋盘高手的吃子速度所能追及。再复杂的迷宫也比不上如此玄妙的弯道，再曲折的水流也没有这般蜿蜒。

在这段文字中，多拉特借用“写字台”的意象来呈现舞蹈与众不同的特质，这里有多变而又复杂的动作、短暂的前进后退、飞行跳跃和停顿，但没有典型的叙事动作，更像是一系列不同寻常的意象组合：蜂王、鹤、蜜蜂、缠绕的荆棘时而出现，又瞬间消失。然

1　学术界一般公认，作为一种正式的舞蹈形式，芭蕾发端或孕育于15、16世纪文艺复兴时期的意大利宫廷。而将宫廷芭蕾从意大利传播到法国，并最终诞生芭蕾，则要归功于后来成为法国皇后的意大利豪门贵族凯瑟琳·德·美第奇，在她的贵族精英思想影响下，由意大利宫廷舞蹈孕育成的宫廷芭蕾雏形得以进一步发展。——译者注

而，你可以从中找到所有节日的象征符号。托马斯·格林（Thomas Greene）按图索骥，根据这首诗歌中隐藏的文献源流，将其描述为一组古典诗歌。最近，艺术史学家伊娃·科切夫斯卡（Ewa Kocieszewska）著文分析了诗人如何巧妙运用经典比喻，精确地暗示和表达对法国君主制的赞美之意。这些流畅的比喻完美映现了形式的复杂性——表层的稚嫩感、形式的多变性——以及“隐喻符号”“欧几里得线”和豪华家具内饰面的棋盘式设计。此外，多拉特的作品是非自然主义的、唯美的，他刻意回避任何形式的叙事，只是象征性地创作了一组神秘、隐晦而非启示性的拉丁诗歌。

以“写字台”为喻体的修辞创作，例证了细木镶嵌诗学向文学和戏剧等其他艺术领域的一种延伸，或至少是一种对等的延伸。而从接受程度看，作者一定坚信他的读者对符号、抽象的数学形式和类比模式已经了如指掌。另外，我们可以很直观地看到，在多拉特形式松散而抽象的诗歌中所存在的对等。就像舞蹈一样，弗兰格尔施兰克橱柜上的每一个元素都传递着含蓄的暗示，而非清晰直白的表述。

“珍奇屋”的虚空性

弗兰格尔施兰克橱柜内外的迥异景致明显透视出一股人生无常的悲怆：肃杀的战斗场景和有序的建筑外观形成强烈反差，与之遥相呼应的，是经年破败的荒凉围裹着昔日罗马盛世。对于一个收藏古钱币、宝石和其他珍奇物品的“珍奇屋”来说，这种隐喻的风景实在恰如其分，因为历史就在消逝的过程中被自己包围甚或吞噬。面对时间的流逝和功名的幻灭，创作者意欲以虚无的静物写生和寓言形式唤起人们的适当反思。弗兰德斯画家老扬·勃鲁盖尔（Jan Brueghel the Elder）和彼得·保罗·鲁本斯（Peter Paul Rubens）联合创作的《视觉的寓言》（*Sense of Sight*）就体现了这一创作意图（图8-3）。事实上，弗兰格尔施兰克橱柜上的意象，在某种程度上，与勃鲁盖尔的作品非常相似。一件作品的意义（诗意的、历史的、哲学的或美学的）表达并非“能指”与“特定所指”一拍即合，而往往有赖于暗示的多重效应，有赖于不同文化碎片的碰撞，有赖于比喻的深度、广度和密度，有赖于堆砌装饰物的强化作用。人们可以在弗兰格尔施兰克橱柜带来的视觉盛宴中，切身感受到上述修辞手法的无限魅力。德国文学评论家沃尔特·本杰明（Walter Benjamin）在巴洛克式悲剧中也发现了相似话术，其文学效果和视觉效果殊途同归，即营造出对历史的伤感、忧郁和失落感。

那么，弗兰格尔施兰克橱柜中的“废墟”意象有何寓意呢？在下面的引文中，沃尔特·本杰明针对德国悲剧传统中的“废墟”进行了细致讨论，相信会引起读者共鸣——“于自然而言，‘历史’只不过是转瞬即逝的存在……并在废墟中与自然融为一体。因此，历史不会永恒存在，衰退才是它的宿命”。本杰明还将嵌入诗歌或戏剧主体的讽喻片段与废墟联系起来，将其比喻为嵌入自然的、有意义的历史片段。他写道，“寓言之于思想领域，就像废墟之于事物领域”。

那么，细木镶嵌中的“废墟”与思想领域有何联系呢？如果我们回头重新审视一下上面的废墟性质，便会惊讶地发现，原来，它们并没有具体的历史参照，更非古罗马的血亲。换言之，这些历史遗迹既无源头可溯，也无身份可识。它们并不像安东尼奥·达·桑

图8-3　1617年，老勃鲁盖尔与鲁本斯共同创作的《视觉的寓言》局部。现收藏于马德里普拉多博物馆

加洛（Antonio da Sangallo）[1]笔下的罗马建筑那样，具有测量学意义上的考古价值，也不能与希罗尼姆斯·科克（Hieronymous

1　安东尼奥·达·桑加洛（1484—1546），文艺复兴时期欧洲建筑师之一。15世纪末出生于意大利佛罗伦萨的一个建筑世家，常年活动于意大利罗马城，参加设计与建造了多部建筑作品，在当时的意大利与欧洲均享有盛誉。——译者注

Cock）[1]1558年出版的一部关于戴克里先浴场（Baths of Diocletian）[2]的作品相提并论，书中，作者塞巴斯蒂安·凡·诺因（Sebastian van Noyen）[3]对废弃浴场的平面图、尺寸和海拔高度进行了精确的研究。当然，它们更不是影射古罗马衰亡的遗迹插图，其真实性远比不上科克于1561年和1562年创作的一系列关于古罗马竞技场和卡比托利欧山遗址的蚀刻画。

废墟与自然

为细木镶嵌的意象赋予特定历史语境中提取的抽象概念，无疑会破坏象征结构的地位。其实，这种方法的谱系可以追溯到15世纪的宗教艺术，追溯到摇摇欲坠的异教寺庙。雄高尔（Schongauer）[4]、丢勒和他们的追随者在创作耶稣诞生的画作时，都采用了这种象征旧体制行将没落的意象。另外，在沃尔夫·胡贝尔（Wolf Huber）[5]

---

1 希罗尼姆斯·科克（1518—1570），弗兰德斯画家和蚀刻师，也是版画的出版商和发行人，以及当时北欧最重要的印刷出版商之一。他的出版社在版画从个体艺术家和工匠的活动，转变为以分工为基础的行业过程中发挥了关键作用。—— 译者注

2 戴克里先浴场位于罗马，曾经是古罗马最大的公共浴场。戴克里先浴场从罗马皇帝戴克里先时期开始兴建，306年，在其禅位于君士坦提乌斯一世后建成，是当时最大、最奢华的浴场。—— 译者注

3 塞巴斯蒂安·凡·诺因（1523—1557）是一位活跃在西班牙尼德兰的建筑师、城市规划师和堡垒建造者。—— 译者注

4 马丁·雄高尔（1453—1491），德国15世纪下半叶最著名的铜版画家兼油画家，阿尔布雷特·丢勒之前德国最重要的雕刻师。—— 译者注

5 沃尔夫·胡贝尔（1485—1553），奥地利画家、版画家和建筑师。—— 译者注

的木刻作品《三博士来朝》(*Adoration of the Magi*，约1520—1525)中（图8-4），人们可以在占主导地位的废墟中看到明显的透视结构，间断的拱门和部分被毁的拱廊斜投影，还可以透过破败的拱门瞥见敞开的阁楼横梁和当地景观片段。换句话说，上述所有主题，都在后来的镶嵌设计中反复出现。

图8-4　沃尔夫·胡贝尔创作的《三博士来朝》，约1520—1525年。摄影：安德鲁·莫罗尔

随着废墟意象越来越频繁地走进艺术家作品，它似乎在从宗教形式转移到世俗形式的过程中被赋予了更深远的意义。胡贝尔的木刻画后来成为“行将坍塌与杂草丛生的”废墟原型，甚至出现在汉斯·申克（Hans Schenck）于1525年雕刻的但泽牧师蒂德曼·吉泽（Tiedemann Giese，1480—1550）的大型石灰木浮雕画像的框架和背景中（图8-5）。那么，这幅世俗肖像中的建筑废墟又有何深意呢？其实，目前尚无明确的考古结论和历史语境可查，即使作为建筑考察，这些废墟也很难确定其归属类型。摇摇欲坠的桥墩更是与画中人没有任何关系。然而，我们至少可以从两个层次解读这种历史的“即逝”感：首先，吉泽手持头骨，暗示人类对自然的必然服从，正是在这个意义上，画作道出了吉泽个人传记的历史真实性。其次，框架建筑暗示了一个随着时间推移而逐渐衰败的漫长过程，唤起人们思考一些关于人类存在本质的更广泛、更神秘的问题。相较于头骨对吉泽的个人意义，废墟之于人类生活的意义要更加深刻。然而，它没有任何象征意义或其他历史联想，纯粹是一种寓言：它实际上代表了吉泽的生命历程。彼时彼刻，他满脸狂妄，以强劲、冷静、自信的眼神凝视着持续的、不可避免的衰退。破败的背景为画中人创设了一种人生舞台：一个赤裸的小男孩在右边的阳台上牵着一位老人的手，这个场景照应了“人类发展阶段”这一主题；这里也是死神的领地，它手拿弹弓，以骨骼的形态徘徊在舞台两侧。这是一个衰败的舞台，人们总是不断被大自然缓慢的、盲目的洪流裹挟着向前。事实上，这幅肖像是德国艺术品中最早使用废墟来阐明自然在人类短暂一生中所扮角色的例子之一。在这里，大自然以一种陌生的形象出现：它不再是慈善家，而是一个盲目的破坏者。在这座

图8-5　汉斯·申克创作的《蒂德曼·吉泽的肖像》，1480—1550年创作。博德博物馆雕塑收藏（自格鲁内瓦尔德城堡的普鲁士宫殿和花园基金会永久性借出）。版权所有：柏林文化遗产基金会雕塑收藏

抽象建筑的毁灭过程中，我们第一次接触到了一个模糊的概念，而这个概念在后来的细木镶嵌毁灭图像中变得更加清晰：这便是人类对于自然力量的感受，在能动的人类期望与决定性的自然法则之间，它不断地发挥着作用。

这种正式的概念性顿悟使细木镶嵌从业者大受鼓舞。因此，后世的大多数镶嵌橱柜虽然在设计上没有弗兰格尔施兰克橱柜那么雄心勃勃，但人类文明被自然淹没的理念反而得到了更直接的表达。今天，在纽约大都会艺术博物馆的一个“珍奇屋”中，我们发现了与弗兰格尔施兰克橱柜上类似的废墟，上面杂草丛生。在一个小门板上，大水淹没了整个城镇景观。另外，画面中还出现了教堂尖塔的元素，可见，这是一处荒废的现代景观，萧瑟中透着怪异。如此这般，废墟掩埋文明主题便简单粗暴地跃然眼前。

柏拉图式的几何

上文中的想法在一定程度上是通过16世纪德国画家和平面艺术家洛伦茨·斯托尔（Lorenz Stöer）的木刻版画来实现的。1567年，洛伦茨出版了名为《几何与透视》（*Geometria et Perspectiva*）手册，成为细木镶嵌从业者的专门指导用书（图8-6）。作者在书中着力讲述了很多典型画面的创作方法，包括由半损毁的拱门和拱廊形成的奇特曲线，以及从断裂的拱门中看到的景观片段等。在书中，还可能发现最神秘的镶嵌设计元素的原型——若隐若现的多面体、抽象的轮轴和滚动的装饰性蜗壳——这些都是该工艺的标准图案。实际上，斯托尔的设计消解了建筑、装饰和构造几何之间的区别。对此，美国艺术史学家詹姆斯·艾金斯（James Elkins）精妙地评论道：“拱门和滚筒完美

图8-6　摘自洛伦茨·斯托尔于1567年创作的《几何与透视》。版权所有：萨尔茨堡大学图书馆/维基共享

融合，两者似乎按照某种自然法则生长在一起，而废墟已经成为装饰品的一部分。这与弗兰格尔施兰克橱柜上的设计效果不谋而合。”

这种从建筑到装饰，再到几何形状的奇妙蜕变，仿佛带我们走进了城市工匠的内心世界，去重温16世纪60年代纽伦堡艺术家和工匠圈所制作的“透视法”手册中，占主导地位的一种“柏拉图主义”。这其中最详尽的要数文策尔·雅姆尼策于1568年创作的《透视法》（*Perspectiva Corporum Regularium of 1568*），该书明确地将五种所谓的“柏拉图立体”（正多面体）——五种规则几何立体——与五种元素联系在一起，并援引柏拉图在《蒂迈欧篇》（*Timaeus*）[1]中的观点，将它们视为构成万物不可简化的物质基石。雅姆尼策先将五个几何立体分别与四种元素进行匹配，而第五个，即十二面体，就代表天球。之后，他又进一步将五个立体与五个元音字母联系起来。这一原则属于中世纪百科全书中的关联数传统。具体对应关系如下所示：

四面体与火元素和字母A有关；

八面体代表空气和字母E；

六面体是土/地球和字母I；

二十面体代表水和字母O；

十二面体代表天和字母V（U）。

为了证明数学与无穷无尽的各种自然形式具有对应关系，雅姆尼策在书中演示了上述几何立体的数种变化形态，令人眼花缭乱。

洛伦茨·斯托尔也一直对立体几何主题非常痴迷。他耗时至少

---

1 《蒂迈欧篇》是古希腊哲学家柏拉图的一部作品，大概写于公元前360年。书中，柏拉图试图通过苏格拉底、赫莫克拉提斯、克里提亚斯等哲学家的对话，去阐明宇宙万物的真理。—— 译者注

40年，完成了336幅钢笔和水彩画合订本，这些作品现今收藏于慕尼黑大学图书馆。在斯托尔的小册子《几何与透视》（1567）中，有一幅木刻版画明显表达了柏拉图式的元素对应模式，其中的固体分别被标记为“土”“水”“火”“空气”和“天”。斯托尔的影响力以及由此掀起的“柏拉图式几何热”可以在今天科隆应用艺术博物馆中的一个“珍奇柜”中窥豹一斑（图8-7）。橱柜的外部场景是自然主义装饰风格，男女穿戴不同大洲的服饰，这其中可能就包括赞助人的肖像。然而，一打开橱柜，这些外部场景就戏剧性地消失了，映入观众眼帘的是规则与不规则柏拉图式几何立体的组合，某种程度上，这件作品非常接近斯托尔的风格，布局上可与雅姆尼策的作品媲美。在自然主义外观和抽象内饰之间的强烈对比中，我们可以

图8-7　南德（疑为奥格斯堡）大师的“珍奇柜”。版权所有：科隆应用艺术博物馆

看到一种和谐创造原则的表达，而这种原则正是自然界世俗现实的基础，也是收藏家们的“珍奇屋”作为微型世界的功能之一。其实，斯托尔的木刻废墟景观和弗兰格尔施兰克橱柜的意象中都包含柏拉图式的几何理念，我们不妨这样理解，在自然的侵蚀中，建筑从装饰到几何的嬗变暗示了物质缓慢而彻底地溶解回最原始的元素。

器物与思维模式

弗兰格尔施兰克橱柜的意象和它作为储藏室的功能非常精确地反映了“珍奇屋”强大的包容性和针对性，通过不同渠道汇聚至此的展品花样多，范围广，有金属制品、硬质石、钟表、自动装置、雕塑、花瓶和珠宝等。它们同处一室，争奇斗艳，其自身价值并不拘泥于某一特质，材料、形式语言、意象和主题都可成为卖点，这便要求主人具备更加全面的专业素养，他们须是博物学家、神学家、宇宙学家、伦理学家、历史学家和古物学家。

这些器物解决了很多大问题，诸如，存在论问题（即存在的本质是什么）和伦理问题（如何活出最好的状态）等，其主题可能包含宇宙万物，也可能涉猎特定历史。与弗兰格尔施兰克橱柜上的意象一样，“珍奇屋”的空间及器物通过隐喻和呼应进行交流，它们跨越了完全不同的领域、参照系、存在状态，如宇宙与心灵、自然与历史。在有的作品中，知识以叙事的形式传播，而在另一些作品中，知识与修辞学或象征意义有关。它们的含义还经常在事实性、神话性或讽喻性之间转换，有时，就像弗兰格尔施兰克橱柜一样，在同一件器物的三种含义之间转换。它们传达的意义时而清晰，时而模糊，给人一种雾里看花的既视感。面对如此多样的主题和传播方式，观看者须打破思维定势，另辟蹊径，不断从神学、历史、文学、自然哲学和数学中全面汲取营养，丰富知识储备。

奥格斯堡商人、外交官和艺术收藏家菲利普·海因霍夫（Philipp Hainhofer，1578—1647）曾在自己的信件和日记中，记录了“珍奇屋”当年在赞助人圈中作为焦点的讨论热度。在17世纪，他凭一己之力将“珍奇屋”打造成为不朽的艺术作品。彼时，海因霍夫委托了很多不同领域的工匠共同打造这个项目，如若不然，需耗费多年才能完成。通常，在出售给富有的客户之前，他会将自己精心收藏的珍品一并装入“珍奇屋”。在海因霍夫的心目中，这些藏品和复杂的内外面设计兼具实用性和启发性：除了具有“实用价值”外，还可以唤起“高贵的冥想与沉思”。

1617年，海因霍夫向波美拉尼亚公爵交付了一个由27位工匠耗时6年打造的“珍奇屋”，橱柜的抽屉装满了各式珍贵器物和科学仪器，广泛涉及天文学、占星术、外科手术、战争艺术、测量、机械和宫廷娱乐等领域。海因霍夫曾在他的旅行日记中写道，经过多次正式展览后，他有一次和公爵花了一整天的时间研究“珍奇屋”中的两件作品，甚至彻夜讨论艺术家和艺术品。日记中还记录说，公爵多次请他参观自己收藏的硬币，其间，两人热烈讨论了这些藏品和铭文的性质。

其实，早在1596年，开普勒就在其早期作品《宇宙的秘密》中用柏拉图的立体多面体进行试验，试图“发现”在哥白尼式的新宇宙中，行星与太阳之间及其彼此之间的距离。他先构建这些多面体，然后把一个多面体放进一个球体里，这个球体又装在另一个多面体内，每个多面体可产生六层，分别对应6个已知的星球——水星、金星、地球、火星、木星和土星，这些多面体的排列顺序为八面体、二十面体、十二面体、四面体和六面体。因此，开普勒主张，行星系统的结构遵循严格的几何顺序。这个研究结论对于一个后来在鲁道夫二世的宫廷中生活多年的人来说，非常引人注目，也属实正常，毕竟，是“珍奇屋”的工艺原理唤起了他对整个宇宙的研究热情：换句话说，开普勒天文思想的基础是美学。之所以使用柏拉图的立体，如他所说，是因为“这些立体是最美丽和完美的，它们能够像手拿直线的人类一样，模仿上帝的球面形象”。由此，开普勒创造了一个按照艺术传统模式排列的宇宙，这是一个由雅姆尼策、斯托尔和纽伦堡建构主义者开发，并由细木镶嵌艺人发扬光大的模式。这同时也是一种源自“珍奇屋”文化的科学研究态度，在开普勒后来的工作中，这种态度慢慢让位于基于经验观察的数学方法。

从17世纪早期开始，人们对细木镶嵌上的废墟景观以及它们与几何多面体的联系渐渐失去了研究热情。与之相对，哲学领域开始萌生一种更加注重经验主义和理性思维的学术态度。诚然，我们在让·多拉特的作品中看到，细木镶嵌与过度装饰性文学风格之间的联系是正面且积极的，但科学家、逻辑演绎思维的倡导者伽利略对16世纪意大利诗人托尔夸托·塔索（Torquato Tasso）的评价却非常消极。伽利略指责塔索的诗歌中尽是无助于情节发展的自负（conceit）[1]，其

1 conceit 在《牛津高级英汉双解词典》中，被解释为诙谐俏皮的词语，字字珠玑的意思，也可译为“奇思意象”。它源自拉丁语“conceptus”，意思是“思想”“概念”或新颖奇特、聪慧睿智的评论、想法，而后成为文学术语，即新颖和奇特的明喻、暗喻和夸张。文艺复兴、都铎王朝时代的抒情诗人开始使用此词，17世纪风行一时的玄学诗人对其更为推崇。—— 译者注

意义似乎被嫁接到了主题上，毫无统一之感。过分依赖修辞手段恰恰说明创作者已经江郎才尽，“他经常因为无话可说，而不得不把不相关、不连贯的东西拼凑在一起”。塔索创造的“自负”堪比细木镶嵌工艺：这种用类比修辞填充的诗节，与已说或将说的事物缺乏必要的连续性，正如所谓的“镶嵌术”。伽利略对这种诗意形式的尖锐批评表明，艺术和科学领域的修辞思维已日渐失宠，曾几何时，人们在这一理论的指导下，通过堆砌装饰实现艺术创作，传达创作意图。伽利略认为，这种思维在细木镶嵌美学的“符号”和“画在沙子上的欧几里得线中”得到了完美诠释。

然而，在它的繁荣时期，“珍奇屋”最终为观赏者的“沉思和品评”提供了一套技术和推理技能，人们可以通过这套技能衍生的审美方法去描述经验，评价经验，并择机将其转化。那些资助人和他们圈子里的成员，比如开普勒，曾积极参与评价，并试图通过模拟这种工艺重塑世界。因此，我们必须正视一个重要事实，那就是，“珍奇屋”象征着一种更大的创造力，而这正是文艺复兴时期的典型文化特征。

作者简介

吉尔·伯克（Jill Burke），苏格兰爱丁堡大学文艺复兴时期视觉与物质文化专业教授。其代表著作有《文艺复兴时期的人体艺术》（*The Italian Renaissance Nude*，2018）、《变化的赞助人：文艺复兴时期佛罗伦萨的社会身份与视觉艺术》（*Changing Patrons: Social Identity and the Visual Arts in Renaissance Florence*，2004）。独立编著《重新思考文艺复兴全盛期》（*Rethinking the High Renaissance*，2012）；与米歇尔·伯里（Michael Bury）联合主编《早期现代罗马的艺术与身份》（*Art and Identity in Early Modern Rome*，2008）；与托马斯·克伦（Thomas Kren）、史蒂芬·J.坎贝尔（Stephen J. Campbell）合著《文艺复兴时期的裸体》（*The Renaissance Nude*，2018）。

苏瑞卡·戴维斯（Surekha Davies），荷兰乌得勒支大学史学家，主攻艺术、科学与思想研究。2016年出版的专著《文艺复兴时期的民族志和人类的发明：新世界、地图和怪物》（*Renaissance Ethnography and the Invention of the Human: New Worlds, Maps and Monsters*，剑桥大学出版社）多次获奖；任《早期现代史杂志》（*Journal of Early Modern History*，2014）第1—2期"科学，新世界和古典传统，1450—1850（Science, New Worlds and the Classical Tradition,1450—1850）特刊编辑；与尼尔·L.怀特黑德（Neil L.Whitehead）合作编辑《历史与人类学》（*History and Anthropology*，2012）第23（2）期“邂逅、人种志和人种学：连续与断裂”（Encounters, Ethnography and Ethnology: Continuities and Ruptures）特刊。

苏珊·盖拉得（Susan Gaylard），西雅图华盛顿大学意大利研究专业副教授兼艺术史副教授，著有《空心人：意大利文艺复兴时期的写作、器物与公共形象》（*Hollow Men*: *Writing*，*Objects*，*and Public Image in Renaissance Italy*，2013）。

玛莎·C.豪威尔（Martha C. Howell），纽约哥伦比亚大学历史系正教授，著有《欧洲资本主义以前的商业，1300—1600年》（*Commerce before Capitalism in Europe, 1300–1600*；剑桥，2010）；与沃尔特·普雷韦尼耶（Walter Prevenier）合著《可靠来源》（*From Reliable Sources*，康奈尔，2001）；与马克·布恩（Marc Boone）、沃尔特·普雷韦尼耶合著《良好的来源》（*Uit goede bron*，加兰特，2000）、《交换婚：低地国家城市的财产、社会地位以及性别》（*The Marriage Exchange: Property, Social Place and Gender in Cities of the Low Countries, 1300–1550*；芝加哥，1998）及《中世纪晚期城市中的女性、生产和父权制》（*Women, Production, and Patriarchy in Late Medieval Cities*，芝加哥，1996）。现主要研究中世纪末和早期现代北欧经济的商务信用文化。

维萨·伊莫宁（Visa Immonen），芬兰图尔库大学考古学教授，著有《芬兰奢侈品消费中的贵金属文物，1200—1600》（*Golden Moments*: *Artefacts of Precious Metals as Products of Luxury*

Consumption in Finland c. 1200-1600，2009），并发表多部有关北欧早期现代物质文化和奢侈品的论著。

安德鲁·莫罗尔（Andrew Morrall），纽约巴德研究生中心早期现代艺术和物质文化教授。其著述广泛涉及北欧早期现代艺术、艺术与宗教改革、早期现代收藏、工艺与艺术、艺术与科学交叉研究、装饰理论以及早期现代家居的物质文化。代表作有《长者布鲁·乔格：奥格斯堡改革中的艺术、文化和信仰》（*Jörg Breu the Elder: Art, Culture and Belief in Reformation Augsburg*, 2002，2018年再版），与梅林达·瓦特（Melinda Watt）合著《艺术与自然间：大都会艺术博物馆的英国刺绣，1580—1700年》（*Twixt Art and Nature: English Embroidery from The Metropolitan Museum of Art, 1580—1700,* 2008），与玛丽·拉文（Mary Laven）和苏珊娜·伊万尼奇（Suzanna Ivaniç）合著《早期现代世界的宗教物性》（*Religious Materiality in the Early Modern World,* 2019）。

詹姆斯·西蒙德（James Symonds），阿姆斯特丹大学历史考古学教授。担任编辑及合著作品包括《谢菲尔德餐具和餐具行业的历史考古学》（*The Historical Archaeology of the Sheffield Tableware and Cutlery Industries*; BAR, 2002）、《南尤伊斯特岛：考古学和历史》（*South Uist: Archaeology & History*；滕普斯，2004）、《工业考古学的未来方向》（*Industrial Archaeology: Future Directions*；施普林格，2005）、《解读早期现代世界：跨大西洋视角》（*Interpreting the Early Modern World: Transatlantic Perspectives*；施普林格，2010）、《餐桌布局：饮食的物质文化和社会背景，1700—1900年》（*Table Settings: The Material Culture and Social Context of Dining, 1700—1900*；奥克

斯博，2011)、《认知历史考古学：信仰、希望和慈善的历史考古学》(*Historical Archaeologies of Cognition: Historical Archaeologies of Faith, Hope and Charity*；艾诺斯，2013)。

彼特·斯塔利布拉斯(Peter Stallybrass)，宾夕法尼亚大学人文学科教授，英语、比较文学和文学理论教授，主要研究早期现代印刷与手稿。1993年，他创办了“材料文本史研讨会”(History of Material Texts)。斯塔利布拉斯在图书馆公司与人联合策划了“材料文本”和“本杰明·富兰克林：作家和打印机”展；在福尔杰莎士比亚图书馆策划了“文艺复兴时期的写作技术”展。合著作品包括：《政治和诗学的越界》(*The Politics and Poetics of Transgression*，1986)、《登上文艺复兴舞台》(*Staging the Renaissance*，1991)，《文艺复兴服装和记忆材料》(*Renaissance Clothing and the Materials of Memory*，2001)，以及《作家和印刷工：本杰明·富兰克林》(*Benjamin Franklin, Writer and Printer*，2006)。

迈克尔·J.沃特斯(Michael J. Waters)，哥伦比亚大学艺术史系与考古系副教授。待出版作品《文艺复兴时期的建筑》(*Renaissance Architecture*)。主要研究材料、制作方法、建筑技术与再利用材料如何影响15世纪意大利建筑的发展。早期著作的研究重点是古代和早期现代建筑版画、绘画与论文。2011年，沃特斯在弗吉尼亚大学艺术博物馆与人联合策划了“多样性、考古学和装饰：文艺复兴时期建筑版画，从柱到檐”展览。